高等学校教材

信号与系统实验

汤全武　主编

汤全武　车进　孙学宏　李春树　汪西原　编著

高等教育出版社
Higher Education Press

内容提要

本书是宁夏回族自治区"信号与系统"精品课程的成果之一。全书分为三篇，第一篇是以信号与系统实验箱为主的基础实验，重点突出信号检测与分析仪表的使用、多种信号的观测、信号的分解与合成、信号通过线性系统发生的变化、线性系统的输入输出关系、信号的采样与恢复等；第二篇是将信号与系统理论课程中的重点、难点及部分练习用 MATLAB 语言进行形象、直观的可视化计算机模拟和仿真实现；第三篇是以 DSP 为工具的系统开发、设计、调试实验。附录包括 MATLAB 基础和 IST-B 型智能信号测试仪简介。

本书可作为高等院校电气信息类专业信号与系统实验课程的教材，也可供从事信号与系统分析、信号处理的科研与工程技术人员参考。

图书在版编目（CIP）数据

信号与系统实验 / 汤全武主编. —北京：高等教育出版社，2008.12

ISBN 978-7-04-025775-5

Ⅰ. 信… Ⅱ. 汤… Ⅲ. 信号系统-实验-高等学校-教材 Ⅳ. TN911.6-33

中国版本图书馆 CIP 数据核字（2008）第 188888 号

策划编辑	杜 炜	责任编辑	李葛平	封面设计	于文燕
责任绘图	尹 莉	版式设计	王艳红	责任校对	王 超
责任印制	朱学忠				

出版发行	高等教育出版社	购书热线	010-58581118	
社　　址	北京市西城区德外大街4号	免费咨询	800-810-0598	
邮政编码	100120	网　　址	http://www.hep.edu.cn	
总　　机	010-58581000		http://www.hep.com.cn	
经　　销	蓝色畅想图书发行有限公司	网上订购	http://www.landraco.com	
印　　刷	煤炭工业出版社印刷厂		http://www.landraco.com.cn	
		畅想教育	http://www.widedu.com	
开　　本	787×960　1/16	版　　次	2008年12月第1版	
印　　张	13.75	印　　次	2008年12月第1次印刷	
字　　数	260 000	定　　价	17.70元	

本书如有缺页、倒页、脱页等质量问题，请到所购图书销售部门联系调换。

版权所有　侵权必究

物料号　25775-00

前 言

信号与系统课程是一门实用性强、涉及面广的专业基础课，是电气信息类专业本科生的必修课程，也是电气信息类专业硕士研究生入学的必考课程。该课程是将学生从电路分析的知识领域引入信号处理与传输领域的关键性课程，对后续专业课程起着承上启下的作用。该课程的基本方法和理论大量应用于计算机信息处理的各个领域，特别是通信、数字语音处理、数字图像处理、数字信号分析、自动控制等领域。因此，让学生掌握对信号与系统进行分析的基本方法和理论，无论是对今后专业课的学习，还是毕业后从事专业工作的能力，都具有重要的意义。

长期以来，学生对课程中大量的应用性较强的内容不能实际动手设计、调试、分析，严重影响了教学效果。该课程迫切需要进行教学方法和教学手段的改革。为此，我们将该课程的教学分为理论部分和实验部分，并分别设课，二者相互补充，培养学生主动获取知识和独立解决问题的能力，为学习后续专业课程打下坚实的基础。

信号与系统实验采取三种手段进行：一是以信号与系统实验箱为主的基础实验；二是以国际公认的优秀科技应用软件 MATLAB 为主的信号与系统分析的可视化建模及仿真实验；三是以 DSP 为工具的系统开发、设计、调试实验。因此，本书分为三篇，每一篇根据教学目标由浅入深地安排了相应的实验内容，其目的在于：

第一篇重点突出信号检测与分析仪表的使用、多种信号的观测、信号的分解与合成、信号通过线性系统发生的变化、线性系统的输入输出关系、信号的采样与恢复等。在实施方法上，依托多功能电子实验平台，力求丰富实验内容，简化实验方法与步骤，化抽象为具体，让学生通过多观察、多测试、多分析，理论联系实际，举一反三，融会贯通，掌握观察、测试和分析电信号的基本方法和基本工具，培养信息处理和信息加工能力，为以后在电子信息领域的研究开发工作打下牢固的基础。

第二篇是让学生将理论课程中的重点、难点及部分练习用 MATLAB 语言进行形象、直观的可视化计算机模拟和仿真实现，从而加深对信号与系统基本原理、方法及应用的理解，以培养学生主动获取知识和独立解决问题的能力，为学习后继专业课程打下坚实的基础。

第三篇是让学生对 DSP 有一个初步的了解和认识，帮助学生进一步理解信号与系统的基本概念、基本理论和基本方法，为学习后继专业课程打下应用的基础。

书后附录介绍了 MATLAB 基础知识，可作为没有 MATLAB 基础知识的读者的入门教程。附录还包括 IST-B 型智能信号测试仪简介。

在实验的具体编排上，一方面按照循序渐进的原则，逐步加深实验内容，注意前后实验之间的穿插与重复，强化基本实验技能的培养；另一方面在学生能够理解的前提下，适当安排比较有新意的内容，保证实验内容的丰富性、生动性，增强学生对信号与系统实验课程的兴趣。

本书的主要服务对象是：高等院校电气信息类专业的教师、本科生及研究生，从事信号与系统分析、信号处理的科研人员，以及对利用 MATLAB、DSP 进行信号与系统分析及实现感兴趣的读者。

本书由汪西原策划，第一篇由孙学宏执笔，第二篇由汤全武执笔，第三篇由车进执笔，附录一由李春树执笔，附录二由汪西原执笔，汤全武统稿并修改定稿。在本书编写过程中，清华大学谷源涛老师提出了许多宝贵的修改意见，在此表示衷心的感谢。解放军理工大学通信工程学院袁振东老师提供了部分资料，在此深表谢意。

本书是宁夏回族自治区"信号与系统"精品课程的成果之一，并与华中科技大学出版社出版的《信号与系统》（汤全武主编）相配套。

尽管作者花费了大量的精力和时间编著本书，但水平有限，书中难免有不妥或错误之处，恳请广大读者批评指正。

编　者

2008 年 10 月

于宁夏大学

目　　录

第一篇　基于信号与系统实验箱的基础实验 ……………………………………… 1

实验一　基本电子测量仪表的工作原理与信号系统实验箱简介 ……………………… 2
实验二　信号波形的观察与测试 ……………………………………………………… 8
实验三　周期信号的频域分析 ………………………………………………………… 9
实验四　信号合成 ……………………………………………………………………… 12
实验五　无源滤波器与有源滤波器 …………………………………………………… 13
实验六　信号通过线性系统 …………………………………………………………… 16
实验七　一阶连续时间系统模拟 ……………………………………………………… 19
实验八　二阶连续时间系统模拟 ……………………………………………………… 22
实验九　信号采样与恢复 ……………………………………………………………… 26

第二篇　基于 MATLAB 语言的信号与系统的仿真实验 ………………………… 29

实验一　连续时间信号的时域分析 …………………………………………………… 30
实验二　离散时间信号的时域分析 …………………………………………………… 38
实验三　离散系统的时域分析 ………………………………………………………… 46
实验四　连续系统的时域分析 ………………………………………………………… 51
实验五　连续时间周期信号的频域分析 ……………………………………………… 57
实验六　连续时间信号的频域分析 …………………………………………………… 68
实验七　连续系统的频域分析及连续信号的采样与重构 …………………………… 73
实验八　连续系统的复频域分析 ……………………………………………………… 78
实验九　离散系统的 z 域分析 ………………………………………………………… 94
实验十　状态变量分析 ………………………………………………………………… 108

第三篇　基于 DSP 的信号与系统的仿真实验 …………………………………… 119

一、CCS 概述 …………………………………………………………………………… 120
二、ICETEK DSP 教学实验箱简介 …………………………………………………… 124
实验一　常用指令实验 ………………………………………………………………… 128
实验二　模数转换实验 ………………………………………………………………… 137

实验三　有限冲击响应滤波器（FIR）算法实验 …………………………… 144
　　实验四　A律压缩/解压实验 …………………………………………………… 148

附录 …………………………………………………………………………………… 154

　附录1　MATLAB基础 ……………………………………………………………… 154
　　1.1　MATLAB简介 ………………………………………………………………… 154
　　1.2　MATLAB的开发环境 ………………………………………………………… 155
　　1.3　MATLAB帮助系统 …………………………………………………………… 157
　　1.4　数据交换系统 ………………………………………………………………… 158
　　1.5　MATLAB数值计算功能 ……………………………………………………… 159
　　1.6　MATLAB图形功能 …………………………………………………………… 165
　　1.7　M文件 ………………………………………………………………………… 170
　　1.8　MATLAB程序流程控制 ……………………………………………………… 171
　　1.9　MATLAB主要命令函数表 …………………………………………………… 175
　附录2　IST-B型智能信号测试仪简介 …………………………………………… 180
　　2.1　主要功能 ……………………………………………………………………… 180
　　2.2　主要特点 ……………………………………………………………………… 181
　　2.3　主要功能技术指标 …………………………………………………………… 182
　　2.4　操作方法 ……………………………………………………………………… 185
　　2.5　注意事项 ……………………………………………………………………… 201

英、中文名词对照 …………………………………………………………………… 202

参考文献 ……………………………………………………………………………… 211

第一篇
基于信号与系统实验箱的基础实验

本篇是基于 IST-B 型智能信号测试仪和信号与系统实验箱的硬件实现，可完成信号与系统有关内容的如下实验，建议安排24学时。

实验一　基本电子测量仪表的工作原理与信号系统实验箱简介（4学时）
实验二　信号波形的观察与测试（4学时）
实验三　周期信号的频域分析（2学时）
实验四　信号合成（2学时）
实验五　无源滤波器与有源滤波器（4学时）
实验六　信号通过线性系统（2学时）
实验七　一阶连续时间系统模拟（2学时）
实验八　二阶连续时间系统模拟（2学时）
实验九　信号采样与恢复（2学时）

实验一　基本电子测量仪表的工作原理与信号系统实验箱简介

一、实验目的

1. 熟悉示波器的使用。
2. 熟悉智能信号测试仪的使用。
3. 熟悉信号与系统实验箱的使用。

二、实验任务

1. 用示波器测量正弦波的 V_{pp} 与 V_{rms}，并估算其周期。
2. 用示波器观察调幅信号。
3. 用 IST-B 型智能信号测试仪分别进行电压测量、频率测量、频谱测量及失真度测量等。

三、实验设备

IST-B 型智能信号测试仪，双踪示波器，信号与系统实验箱。

四、实验参考原理

1. 示波器简介

示波器是一种主要用来观察电信号波形的电子测试仪器，按用途来分，有超低频示波器、超高速示波器，有单踪示波器，也有双踪和多踪示波器；有由电子枪与示波管组成的模拟式示波器，也有由高速采样电路与液晶屏组成的数字式存储示波器。我们只要熟悉并掌握其中一两种示波器的使用方法，对于其他形式的示波器，通过阅读使用说明书或通过操作演示，也不难掌握其操作要领。

在示波器的使用过程中，应当注意示波器的技术指标与使用条件，主要包括 DC 直流耦合、AC 交流耦合、灵敏度、输入阻抗、标准信号等。

2. IST-B 型智能信号测试仪简介

IST-B 型智能信号测试仪是一种综合性基础电子测量仪表，又是一种通用型电子实验平台。它具有信号产生、信号检测、信号分析、模拟训练、直流电源五大功能模块，共26种功能。

IST-B型智能信号测试仪继承了传统电子测量仪表的优点，体现了未来电子测量仪表数字化、智能化、集成化和模块化的发展方向。多种功能既能像传统仪表那样单个使用，也便于由计算机控制，组成完备的电子信号产生与测试系统，高质量、高效率地完成电子工程研究和电子实验任务。

（1）IST-B型智能信号测试仪信号产生模块的工作原理

信号产生模块既能够产生周期信号，如正弦波、方波、三角波、TTL波等，也能产生随机信号，如白噪声，还能产生带载信息的调频波、调相波等。该模块由高频信号产生电路、低频信号产生电路和特殊波形产生电路三部分组成。

① 高频信号产生电路能产生300kHz～40MHz的正弦信号，还能产生高频调幅信号和高频调频信号，其主要工作原理如图1-1-1所示。

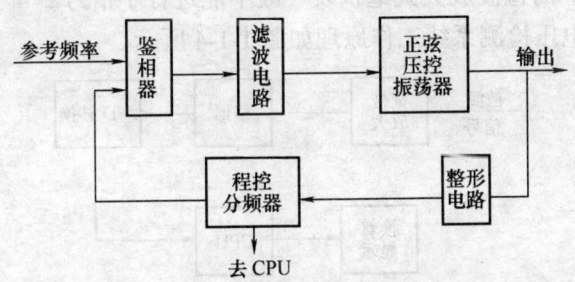

图1-1-1　高频信号产生系统框图

② 低频信号产生电路能够产生正弦波、方波、三角波，幅度和频率全数控，工作范围为10Hz～300kHz，其主要工作原理如图1-1-2所示。

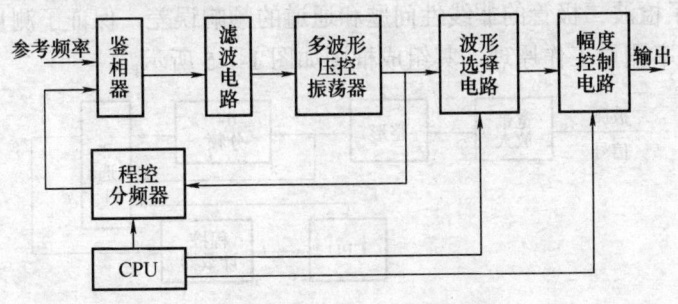

图1-1-2　低频信号产生系统框图

③ 特殊波形产生电路能够产生PSK、FSK、脉宽波、噪声、特殊波形等信号，其工作原理如图1-1-3所示。

图 1-1-3　特殊波形产生电路框图

CPU 按一定时序读取内存中存好的特殊波形的数值，通过数模转换电路及后续平滑滤波电路，生成所需信号。

（2）IST-B 型智能信号测试仪信号检测模块的工作原理

信号检测模块能对电信号的基本参数，如幅度与频率进行定量测量，还能对被测网络进行扫频测量。

① 电压检测部分工作原理。通常一个电信号的幅度测量是由毫伏表来完成的，毫伏表测得值为信号的有效值。毫伏表的工作方式有两种，一种为放大检波式，另一种为检波放大式。放大检波式能够测量小信号，但频响较窄，只能进行低频测量。而检波放大式毫伏表一般不能进行小信号测量。IST-B 型智能信号测试仪的电压检测系统工作原理如图 1-1-4 所示。

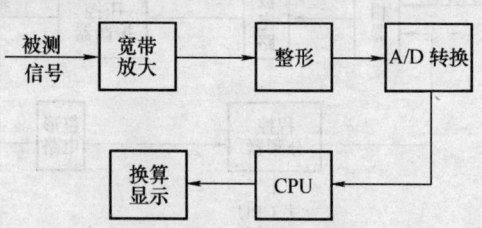

图 1-1-4　电压检测系统框图

输入信号经过宽带放大后进行检波，CPU 通过模数转换电路，测得近似直流值，再经过软件查表，换算出对应的有效值。由于采用了软硬件相结合的方法，克服了检波二极管的非线性问题和通道的频响误差，保证了测量的精度。

② 频率测量工作原理。其组成框图如图 1-1-5 所示。

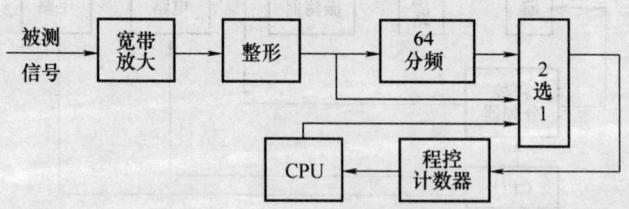

图 1-1-5　频率测量系统框图

低频信号测量不经过 64 分频，高频测量经过 64 分频，仪表测量范围为 10Hz～50MHz。

③ 扫频测量工作原理。扫频测量是为了测量网络的传输特性，其框图如图

1-1-6 所示。

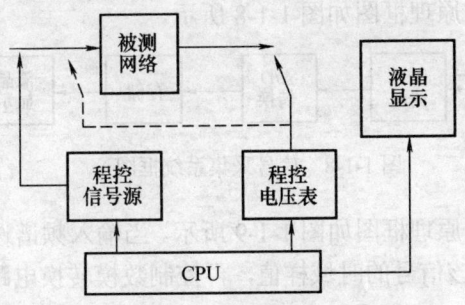

图 1-1-6 扫频测量系统框图

测量时，CPU 使信号源按扫频方式工作，每改变一次频率，程控数字电压表测量一次被测网络的输入与输出端的信号幅度，CPU 计算出两者的比值，即得该点的频率响应，扫描完毕，CPU 控制液晶显示，描出网络的幅频特性曲线。实际测量时，为了操作的便利，程序首先将输入端各频率点的幅度值一次测量完毕，并存储下来，再进行输出端各点的测试，整个操作只需移动一次测量探头。

（3）IST-B 型智能信号测试仪信号分析模块的工作原理

信号分析模块能在一定范围内对电信号的频谱、失真度进行定量分析。

① 频谱分析工作原理。该功能是为了检测信号的频域特性，其框图如图 1-1-7 所示。

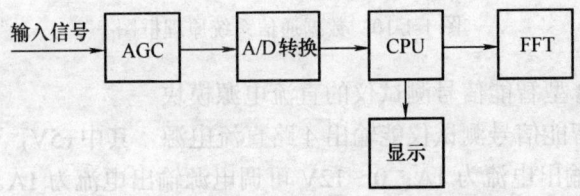

图 1-1-7 频谱分析模块原理框图

其中 AGC 电路对被测信号进行适当处理，以保证 A/D 转换输入端有合适的信噪比，CPU 对信号进行采集以后，进行快速傅里叶变换，算出被测信号频谱，然后在液晶屏上显示出来。

② 失真度测量工作原理。本失真度仪先对被测信号进行频谱分析，求得基波与多次谐波的振幅，再由程序算得失真度，从理论上来讲比较准确。具体硬件电路与频谱分析功能类同。

（4）IST-B 型智能信号测试仪模拟训练工作模块的工作原理

作为一个电子实验平台，模拟训练模块能完成信号的采样、存储、信号合成、一阶系统电路过渡过程模拟以及数据通信训练等电子实验项目。

① 信号采集工作原理框图如图 1-1-8 所示。

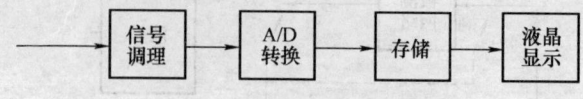

图 1-1-8　信号采集系统框图

② 信号合成工作原理框图如图 1-1-9 所示。当输入频谱选定以后，CPU 通过逆 FFT 程序，算得该信号的时域样值，再控制数模转换电路，生成对应的时域信号。

图 1-1-9　信号合成系统原理框图

③ 数据通信工作原理框图如图 1-1-10 所示。发送端根据键盘键入数据，按固定格式增加同步信息与纠错信息，经由 D/A 转换单元发出 2FSK 信号，接收端对输入信号进行实时监控，收到同步头后，确认同步，接收信息并解码，在液晶屏上显示出发送端所发的信息。

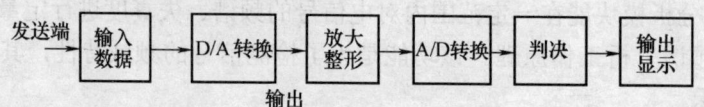

图 1-1-10　数据通信系统原理框图

（5）IST-B 型智能信号测试仪的直流电源模块

IST-B 型智能信号测试仪能输出 4 路直流电源，其中+5V，输出电流 3A；−5V，−12V，输出电流为 1A；0～12V 可调电源输出电流为 1A。

IST-B 型智能信号测试仪功能齐全，操作简便，具体内容见本书附录 2。

3. 信号与系统实验箱简介

该实验箱为信号与系统的实验配置了较为全面的实验电路。主要有：无源与有源滤波器；Lowpass(1), Lowpass(2); Highpass(1), Highpass(2); Bandpass(1), Bandpass(2); 串联谐振网络 Tuning(1); 并联谐振网络 Tunnig(2); 基本运算单元 Base unit; 一阶模拟系统 First Order(2), 二阶模拟系统 Sencond Order (2)以及信号采样及恢复单元 Signal Sampling Unit。多种有无源滤波器可以级联使用。实验箱上有源电路的电源通过一个三芯插座与外电源相连，其中红线接正电源 V+，绿线接负电源 V−，中间的黑线接地线 GND，电源 V+和 V−分别为+12V

与–12V。电源如正常，红绿两发光二极管应正常发光，否则应该检查原因。电路板上设有一+5V 电源输出端，既可供做实验项目用，也可在实验系统工作不正常时做检查用。

五、思考题

1．如何调节面板旋钮，才能稳定显示被测信号的波形，并能估算被测信号的幅度与周期？

2．总结用 IST-B 型智能信号测试仪进行电压测量、频率测量、频谱测量以及失真度测量的方法。

实验二 信号波形的观察与测试

一、实验目的

1. 熟悉电信号的时域观察方法。
2. 掌握电信号时域的基本参数测量方法。

二、实验任务

1. IST-B 型智能信号测试仪低频信号输出参数为 f=1kHz，U=1000mV 的正弦波，用示波器观察其波形；用 IST-B 型智能信号测试仪电压测量功能测其输出有效值。

2. 调节信号源幅度，使 IST-B 型智能信号测试仪电压测量指示为 2000mV，观察其在示波器上的幅度。

3. 用 IST-B 型智能信号测试仪测量其频率，将信号源输出波形分别确定为方波、三角波、脉宽波，重复上述实验过程，并记录数据。

三、实验设备

IST-B 智能信号测试仪，双踪示波器，信号与系统实验箱。

四、思考题

1. 从理论上讲，示波器与电压表的输入阻抗，哪一种对测量精度的影响更大些？

2. 选择 IST-B 型智能信号测试仪频率键控功能，其输出信号波形取决于什么？

实验三 周期信号的频域分析

一、实验目的

掌握信号频谱的测量方法,加深对信号频谱概念的理解。

二、实验任务

1. 测量方波的频谱。选定 IST-B 型智能信号测试仪占空比 1:1 的脉宽波,加至示波器与 IST-B 型智能信号测试仪的输入探头,进行归一化频谱分析,数据记入表 1-3-1 中。

表 1-3-1

占空比		f_0	$2f_0$	$3f_0$	$4f_0$	$5f_0$	$6f_0$	$7f_0$	$8f_0$	$9f_0$
1:1	理论									
	实测									
2:1	理论									
	实测									
3:1	理论									
	实测									

2. 选定占空比为 2:1,3:1,重复上面的过程,并将数据填入表 1-3-1 中。
3. 选 IST-B 型智能信号测试仪输出 1kHz 的三角波,重复前面的实验过程。

三、实验设备

IST-B 型智能信号测试仪,双踪示波器,信号与系统实验箱。

四、实验参考原理

周期信号的频谱是以基频 ω_1 为间隔的离散谱线。图 1-3-1 所示给出了方波的幅度频谱图,特点是幅度随着谐波次数的增加幅度是下降的。基波幅度 $A_1 = \dfrac{4E}{\pi}$,n 次谐波幅度为 $A_n = \dfrac{A_1}{n}(n=1,3,5,\cdots)$。方波只有奇次谐波。

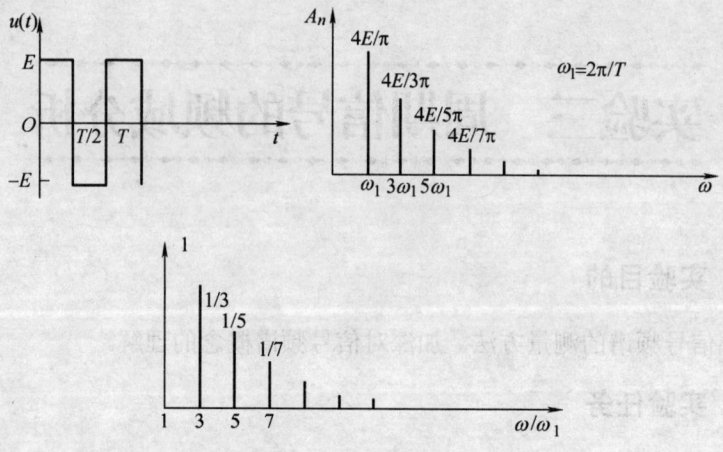

图 1-3-1　对称方波及其频谱

如果对此频谱进行归一化处理，即 $\dfrac{A_n}{A_1}$，则其归一化频谱为 $A_n = \dfrac{1}{n}$。对于如图 1-3-2 所示的幅度为 E、周期为 T、宽度为 τ 的矩形脉冲，其 n 次谐波的幅度 A_n 为

$$A_n = \frac{2E\tau}{T} \left| \frac{\sin\dfrac{n\pi\tau}{T}}{\dfrac{n\pi\tau}{T}} \right| \tag{1-3-1}$$

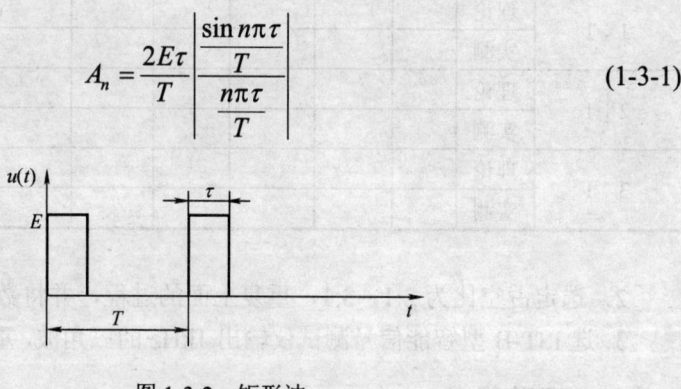

图 1-3-2　矩形波

图 1-3-3 所示为 $\dfrac{\tau}{T} = \dfrac{1}{4}$ 时的幅度频谱图。

（1）频谱包络线的零点为 $\dfrac{2n\pi}{\tau}$，τ 越小，零点频率越高，当 $\tau = \dfrac{T}{2}$ 时，即为方波。

（2）谱线间隔 $\dfrac{2\pi}{T}$，仅取决于 T。

（3）$\tau \neq \dfrac{T}{2}$ 时，频谱不仅有奇次谐波，也有偶次谐波。

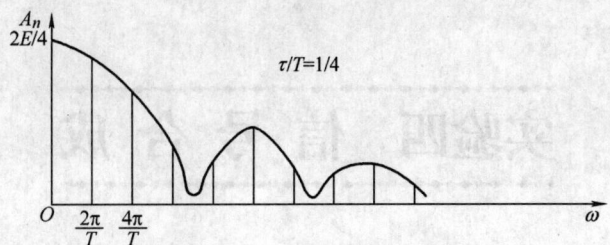

图 1-3-3　矩形脉冲及其频谱

只要分别测量出信号各次谐波的幅度和频率，就可画出信号的频谱图。显然，用一般电压表或示波器是无法测量的，原因在于它们无法把各次谐波区分开来。用选频电压表或波形分析仪对各个谐波幅度进行测量，就可以获得信号频谱，也可用频谱仪直接在荧光屏上显示出信号频谱。

五、思考题

1. 当一个 1:1 的方波通过低通滤波器后，其频谱发生了什么变化？为什么？
2. 总结信号频谱的测量方法。

实验四　信号合成

一、实验目的

1. 掌握信号合成的方法，从另一个方面加深对信号频谱概念的理解。
2. 了解按确定频谱产生信号的原理。

二、实验任务

1. 选定单频谱 $10f_0$，幅度为 100，用示波器观察输出波形，并测算其频率。
2. 选定按 $\dfrac{1}{n}$ 的规律收敛的一组数据，观察并测量其输出的波形。
3. 选定按 $\dfrac{1}{n^2}$ 规律收敛的一组数据，观察并测量其输出的波形。
4. 设置 $18f_0$ 幅度为 100、$17f_0$ 幅度为 50、$19f_0$ 幅度为 50 观察并测量其输出波形。

三、实验设备

IST-B 型智能信号测试仪，双踪示波器，信号与系统实验箱。

四、实验参考原理

一个确知的时域信号，通过频谱分析的方法，能够求得其在频率域的频谱分布；反过来，如果已知一个信号在频域的频谱结构，一定有一个确定的时间域上的信号与其相对应，信号合成就是这样的一种技术。IST-B 型智能信号测试仪的信号合成功能就是按这种要求设计的。

五、思考题

1. 合成信号 1 的参数为：$18f_0$ 幅度为 50、$19f_0$ 幅度为 100、$20f_0$ 幅度为 50；合成信号 2 的参数为：$18f_0$ 幅度为 50、$20f_0$ 幅度为 50，比较两种信号的波形有何差异，为什么？
2. IST-B 型智能信号测试仪是如何合成信号的？

实验五　无源滤波器与有源滤波器

一、实验目的

1. 通过对各种无源滤波器与有源滤波器的测试与观察，加深对滤波概念的理解。
2. 了解信号频谱与信号波形的关系。

二、实验任务

1. 测量低通电路（Low Pass）的幅频特性（H–f），信号源为正弦波，幅度为 2000mV，其测量连接如图 1-5-1 所示。

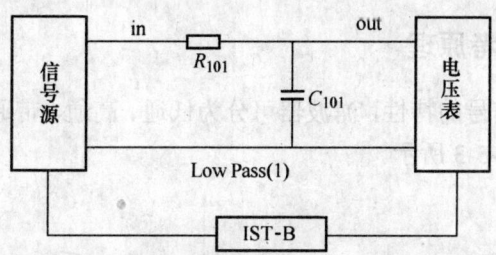

图 1-5-1　低通电路频率响应测量连接图

测量方式，逐点法测量，以 100Hz 为起点，每隔 500Hz 取一个点，共取 20 个点，每改变一次信号源频率（IST-B 型智能信号测试仪功能 1），测一次电压（IST-B 型智能信号测试仪功能 15），填入表 1-5-1 中，并绘制幅频特性曲线。

表 1-5-1

f																				
U																				

2. 用扫频测量法测试高通、带通、有源低通、有源高通、有源带通网络的幅频特性曲线，测量接线图如图 1-5-2 所示。

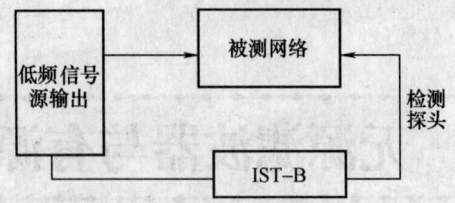

图 1-5-2 网络频率响应测量连接图

扫频参数: Lowpass   (100, 500, 20, 2)
         Highpass   (50, 100, 20, 2)
         Bandpass   (500, 500, 20, 2)
         Firstorder   (100, 100, 20, 2)
         Secondorder   (50, 50, 20, 2)

其中,Bandpass(2)输入信号幅度为 200mV,其余输入信号幅度为 1000mV。

三、实验设备

IST-B 型智能信号测试仪,双踪示波器,信号与系统实验箱。

四、实验参考原理

根据传输电信号的特性,滤波器可分为低通、高通、带通和带阻四种形式,其幅频特性如图 1-5-3 所示。

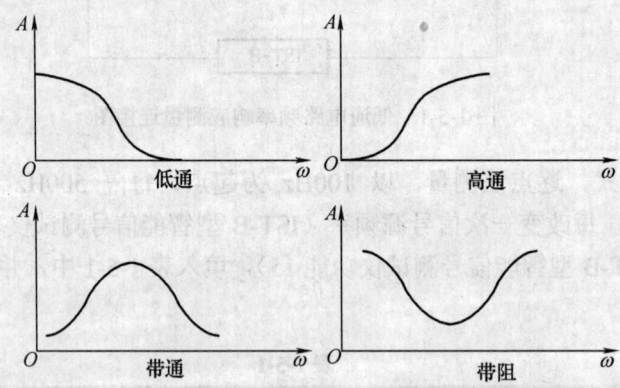

图 1-5-3 滤波器的幅频特性

由信号分析理论可知,图 1-5-4 所示方波信号可以展开为傅里叶级数

$$f(t) = \frac{4E}{\pi}[\sin\Omega t + \frac{1}{3}\sin 3\Omega t + \frac{1}{5}\sin 5\Omega t + \cdots + \frac{1}{n}\sin n\Omega t]$$

$$(n = 1,2,3,\cdots) \tag{1-5-1}$$

实验五 无源滤波器与有源滤波器

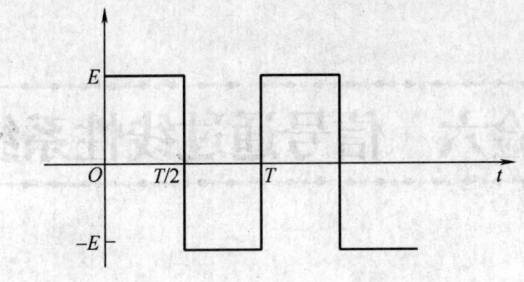

图 1-5-4 方波信号

如果有一个低通滤波器，其截止频率大于一次谐波频率而小于三次谐波频率，则方波通过低通滤波器后，输出将是与方波同频率的正弦波，因为其他各次谐波都被滤波器衰减了。同样，如果该方波通过一个以三次谐波频率为中心的带通滤波器，则输出为方波三倍频率的正弦波。所以滤波器在电子工程中常用于滤除无用频率分量，选取有用频率分量。

滤波器通常是由无源元件如电阻、电容、电感等组成的网络。另一类滤波器为有源滤波器，其特点是与无源滤波器相比输入阻抗大，输出阻抗小，能在负载和信号间起隔离作用，同时滤波特性可以设计得较为理想。

五、思考题

1. 将低通滤波器和高通滤波器相级联，其传输特性是怎样的？为什么？
2. 在有源带通滤波器输入端分别加上 700Hz 和 2kHz 的方波（幅度=200mV），输出端波形有什么变化？加 2kHz、幅度为 500mV 的三角波结果又怎样？

实验六　信号通过线性系统

一、实验目的

1. 观察、研究脉冲信号、正弦调幅信号通过线性电路引起的变化。
2. 了解线性电路的频率特性对信号传输的影响。

二、实验任务

1. 观察调幅信号通过串联谐振回路

（1）连接 IST-B 型智能信号测试仪的高频输出信号与信号系统实验箱上的串联谐振电路，如图 1-6-1 所示。

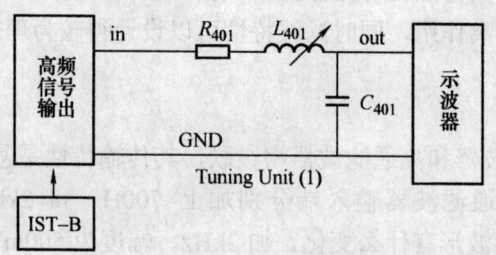

图 1-6-1　串联谐振网络测量

（2）首先确认高频信号输出一次，然后选定 IST-B 型智能信号测试仪频响测量功能，设定参数为始频 300kHz，步频 10kHz，$N=20$，延时=2ms，调节输出幅度为 0.5V 左右，依测量结果确认串联谐振频率点。

（3）由 IST-B 型智能信号测试仪调幅信号功能选取载频为 f_0，调制信号频率为 1kHz，调幅度为 100%，并适当调节已调幅信号的输出幅度，观察此调幅信号通过选频回路后发生的变化。（注意：示波器探头置于 10:1 挡。）

（4）将调幅信号的调制信号改为 10kHz、20kHz、30kHz，重复（3）的过程。

2. 观察并测量矩形脉冲信号通过并联谐振回路引起的变化

（1）电路连接如图 1-6-2 所示。

（2）由 IST-B 型智能信号测试仪 16 号功能设定矩形脉冲信号（方波）频率为 60kHz，幅度为 5000mV，调节调谐旋钮，用示波器观察其波形变化，可得到一个 60kHz 的正弦波。

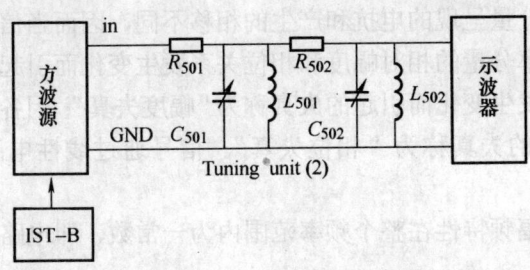

图 1-6-2 并联谐振网络测量

（3）改变方波的频率，在 50～120kHz 范围内，应能在输出端得到对应的正弦波。

（4）设定输入方波频率为 20kHz，幅度为 10000mV，调节调谐旋钮，在示波器上能观察到 60kHz 的近似正弦波，用 IST-B 型智能信号测试仪的频率测量功能测试其输出信号的频率。

3．观察信号通过全通网络的情况

将信号与系统实验箱上基本运算单元连成反相放大器，在其输入端加入 1kHz 方波，观察其输入与输出的关系。

三、实验设备

IST-B 型智能信号测试仪，双踪示波器，信号与系统实验箱。

四、实验参考原理

振幅按照调制信号的规律变化的高频振荡（载波）称为调幅波。当正弦调制信号 $u_\Omega = E_\Omega \cos(\Omega t + \phi_\Omega)$ 的角频率 Ω 小于高频振荡 $u(t) = A_0 \cos(\omega_c t + \phi_c)$ 的角频率 ω_c 时，调制后的正弦调幅波的数学表达式为

$$e(t) = A_0[1 + E_\Omega \cos(\Omega t + \phi_\Omega)]\cos(\omega_c t + \phi_c)$$
$$= A_0 \cos(\omega_c t + \phi_c) + \frac{A_0 E_\Omega}{2}\cos[(\omega_c + \Omega)t + (\omega_c + \phi_\Omega)] + \quad (1\text{-}6\text{-}1)$$
$$\frac{A_0 E_\Omega}{2}\cos[(\omega_c - \Omega)t + (\phi_c - \phi_\Omega)]$$

由上式可见，正弦调制的调幅波是由三个不同频率的正弦波组合而成的：频率为 ω_c 的称为载频分量；频率为 $\omega_c + \Omega$ 的称为上边频分量；频率为 $\omega_c - \Omega$ 的称为下边频分量，其频带宽度 $B = 2\Omega$。

在信号传输技术中，除了在某些需要用电路进行波形变换的场合外，总是希望在传输过程中信号尽可能保持原样。电信号是由频率、幅度和相位各不相

同的各次谐波分量所组成的,在电路中包含有电容和电感元件时,由于它们对不同频率的正弦分量呈现的电抗和产生的相移不同,因而当信号通过线性系统后,将会因各频率分量的相对幅度和相位关系发生变化而引起失真。因各频率分量的相对幅度发生变化而引起的失真称为"幅度失真";因各频率分量的相对位置变化而引起的失真称为"相位失真"。信号通过线性电路不失真的条件如下。

（1）电路的幅频特性在整个频率范围内为一常数,即电路应具有无限宽的响应均匀的通带。

（2）电路的相频特性应是经过原点的直线。

要使电路满足上述的两个条件是很难的,由于信号的有效带宽是有限的,实际上只要电路的通带与信号的有效频带相适应,就能使信号在传输过程中产生的失真限制在允许范围内。对于频谱集中在载频附近较窄频带范围内的已调高频信号,可用具有相应通带的谐振电路进行传输,而对于宽度很窄的矩形脉冲,因其有效频带很宽,则应采用通频带足够宽的低通滤波器来传输信号。

五、思考题

1. 为什么 20kHz 的方波经过并联谐振回路能够产生 60kHz 的正弦波？
2. 在并联谐振回路输入端接入 100kHz 方波,在输出端用示波器观察其对应正弦波幅度,比较用示波器探头 1:1 挡和 10:1 挡测得的结果有何不同。

实验七 一阶连续时间系统模拟

一、实验目的

1. 了解基本运算单元的特性。
2. 掌握基本运算单元特性的测试方法。

二、实验任务

1. 标量乘法器

信号与系统实验箱中基本运算单元,如图 1-7-1 所示。

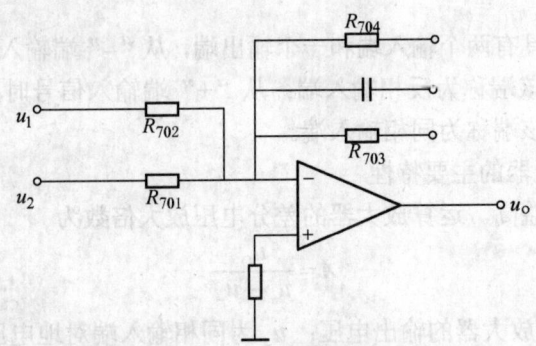

图 1-7-1 基本运算单元

首先,将其输出端连至 R_{703},将 1kHz 正弦波接至 R_{702},则组成标量乘法器,用双踪示波器同时显示输入信号幅度与相位关系。

其次,将运放输出端改连至 R_{704},重新观察,比较输入与输出信号的幅度与相位关系。

2. 加法器

首先将基本运算单元输出端与电阻 R_{703} 相连,将 1kHz TTL 波信号与+5V 电压分别加至两输入电阻 R_{701} 和 R_{702},用双踪示波器的 DC 挡观察运放输出端的波形,并比较在输入端接入+5V 与不接+5V 两种情况下运放输出方波在示波器上的位置情况。

3. 积分器

将基本运放单元输出端连至电容 C_{701},在输入电阻 R_{701} 上加 1kHz 方波,观察运放输出波形应为三角波（方波积分应为三角波）。

三、实验设备

IST-B 型智能信号测试仪，双踪示波器，信号与系统实验箱。

四、实验参考原理

1．运算放大器

运算放大器是一种高增益放大器，配以适当的反馈网络后可以实现对信号的求和、积分、微分、比例放大等多种数学运算。运算放大器的电路符号如图1-7-2 所示。

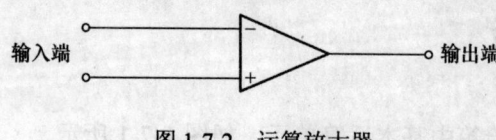

图 1-7-2　运算放大器

运算放大器具有两个输入端和一个输出端，从"−"端输入信号时，输出与输入信号反相，该端称为反相输入端；从"+"端输入信号时，输出信号与输入信号同相，故该端称为同相输入端。

2．运算放大器的主要特性

（1）开环增益高。运算放大器的差分电压放大倍数为

$$A = \frac{u_O}{u_+ - u_-} \tag{1-7-1}$$

式中，u_O 为运算放大器的输出电压；u_+ 为同相输入端对地电压；u_- 为反相输入端对地电压。开环时，直流电压放大倍数高达 $10^4 \sim 10^6$。

（2）输入阻抗高。运算放大器的输入阻抗一般在 $10^{10} \sim 10^{11}\,\Omega$ 范围内。

（3）输出阻抗小。运算放大器的输出阻抗一般为几十至几百欧。

当运算放大器工作在线性区时，可认为具有两大理想特征。其一，因为输入阻抗无穷大，故运算放大器的输入电流为零；其二，因为电压增益无穷大以及输出电压有限，故可认为输入电压 $(u_+ - u_-)$ 基本为零，即"+"端和"−"端电位相等。

3．基本运算单元

这里仅介绍在系统模拟中所必需的三种基本运算器，即加法器、标量乘法器和积分器。

（1）反相标量乘法器，如图 1-7-3 所示。利用虚地概念不难推得

$$u_O = -\frac{R_2}{R_1}u_i = -ku_i \tag{1-7-2}$$

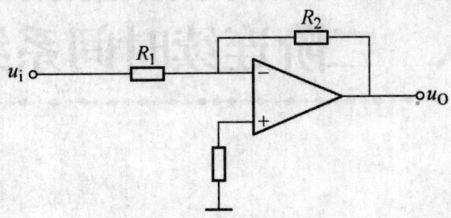

图 1-7-3 反相标量乘法器

(2) 加法器，如图 1-7-4 所示。

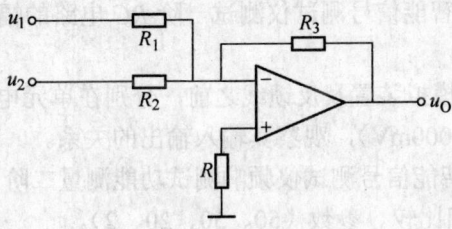

图 1-7-4 加法器

$$u_O = -\frac{R_2}{R_1}(u_1 + u_2) \tag{1-7-3}$$

(3) 反相积分器，如图 1-7-5 所示。

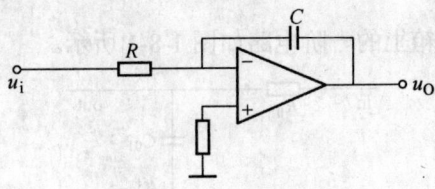

图 1-7-5 积分器

$$u_O = -\frac{1}{RC}\int u_i \mathrm{d}t \tag{1-7-4}$$

五、思考题

1. 积分器输入端加 1kHz 的 TTL 方波，为何输出端没有三角波输出？
2. 总结标量乘法器、加法器、积分器特性的测试方法。

实验八 二阶连续时间系统模拟

一、实验目的

掌握根据给定的连续系统传递函数,用基本运算单元组成模拟装置的方法。

二、实验内容

1. 用 IST-B 型智能信号测试仪测试一阶 RC 电路的幅频特性并与无源 RC 电路相比较。

2. 在连接二阶模拟装置及反馈线之前,分别在单元电路输入端加入 1kHz 方波(注意:幅度 1000mV),观察其输入输出的关系。

3. 用 IST-B 型智能信号测试仪频响测试功能测量二阶 RC 电路的幅频特性并与无源二阶电路相比较。参数(50、50、20、2)。

三、实验设备

IST-B 型智能信号测试仪,双踪示波器,信号与系统实验箱。

四、实验参考原理

1. 一阶电路

信号与系统实验箱上的一阶电路如图 1-8-1 所示。

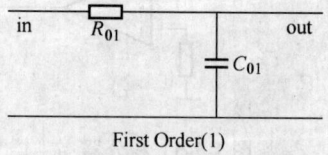

图 1-8-1 一阶电路

其微分方程为

$$\frac{dy(t)}{dt} + \frac{1}{RC}y(t) = \frac{1}{RC}x(t) \tag{1-8-1}$$

算子方程为

$$py(t) + \frac{1}{RC}y(t) = \frac{1}{RC}x(t) \tag{1-8-2}$$

整理为

$$y(t) = \frac{1}{p}\frac{1}{RC}[x(t) - y(t)] \qquad (1\text{-}8\text{-}3)$$

其模拟框图如图 1-8-2 所示。

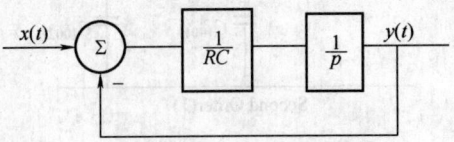

图 1-8-2　一阶电路模拟框图

当 $RC=1$ 时，上图简化为图 1-8-3 所示的框图。

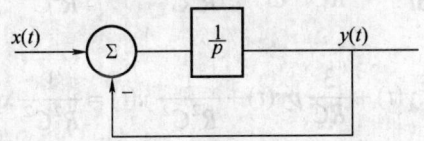

图 1-8-3　一阶电路简化模拟框图

本实验采用反相输入放大器，考虑到运放反相输入端组成的积分算子为 $-\frac{1}{p}$，则该框图可画成如图 1-8-4 所示的等效框图。

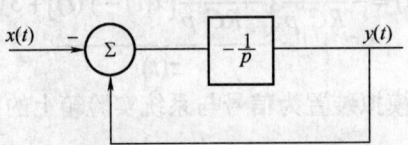

图 1-8-4　一阶系统等效模拟框图

据此画出的模拟装置即为信号与系统实验箱上的 First Order(1)，如图 1-8-5 所示。

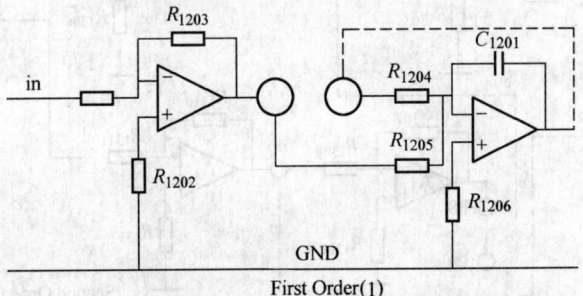

图 1-8-5　一阶系统实际模拟装置图

2. 二阶电路

对于图 1-8-6 所示的二阶系统，采用节点电流定理可求得

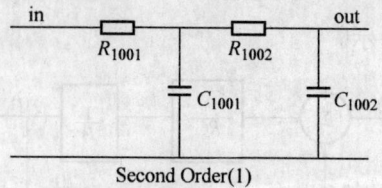

图 1-8-6　二阶电路

微分方程为

$$\frac{d^2 y(t)}{dt^2} + \frac{1}{RC}\frac{dy(t)}{dt} + \frac{1}{R^2C^2}y(t) = \frac{1}{R^2C^2}x(t)$$

算子方程为

$$p^2 y(t) + \frac{3}{RC}py(t) + \frac{1}{R^2C^2}y(t) = \frac{1}{R^2C^2}x(t)$$

整理为

$$y(t) = \frac{1}{R^2C^2}\frac{1}{p^2}x(t) - \frac{3}{RC}\frac{1}{p}y(t) - \frac{1}{R^2C^2}\frac{1}{p^2}y(t) \quad (1\text{-}8\text{-}4)$$

或为

$$y(t) = -\frac{1}{RC}\frac{1}{p}\underbrace{\left\{-\frac{1}{RC}\frac{1}{p}[x(t) - y(t)] + 3y(t)\right\}}_{z(t)}$$

据此方程推得其模拟装置为信号与系统实验箱上的图 Second Order(2)，如图 1-8-7 所示。

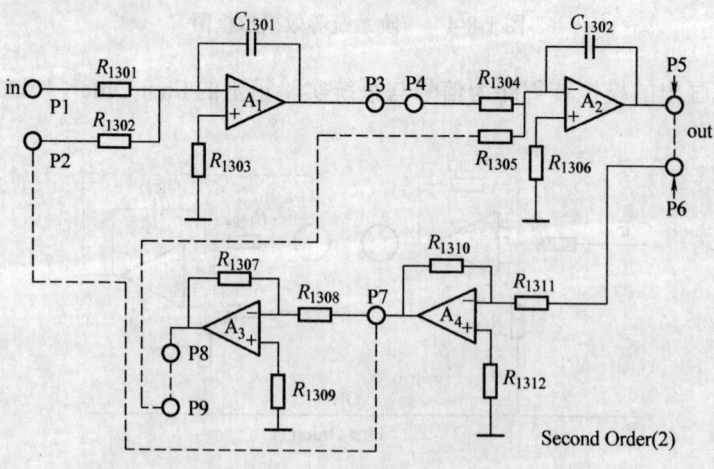

图 1-8-7　二阶电路实际模拟装置图

本系统中，A_1 与 A_2 是反相积分器，A_4 是增益为 1 的反相器，A_3 是 3 倍增益的反相放大器。

五、思考题

1. 当 RC 的乘积不等于 1 时，模拟装置应如何变动？
2. 对一阶系统，试比较当输入为一直流电压（5V）时，模拟输出还正确吗？说明什么问题？

实验九　信号采样与恢复

一、实验目的

熟悉信号的采样及恢复过程，验证采样定理。

二、实验任务

信号与系统实验箱的采样单元电路如图 1-9-1 所示。系统采样器为专用采样保持芯片，另外设计有同步脉冲生成和倍频单元电路。信号由输入端 in 接入，经过 Low Pass 加入到采样单元，采样脉冲控制采样保持芯片对信号进行采样并保持，然后经过输出端的 Low Pass 滤波并输出。

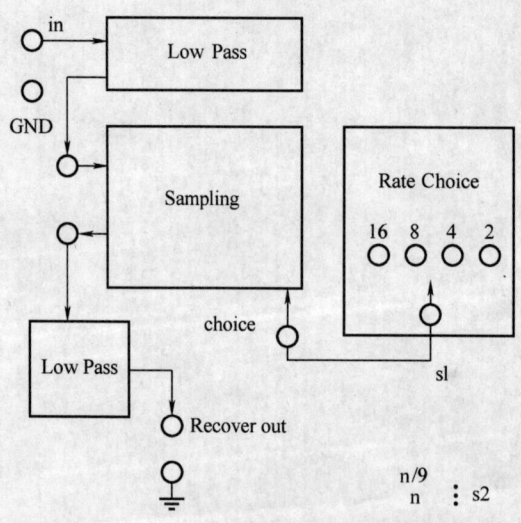

图 1-9-1　信号采样单元电路

图中信号通过低通滤波器，加至采样器采样，经过输出滤波器后输出。系统中现有采样速率可以选择 16 倍、8 倍、4 倍、2 倍以及 16/9 倍、8/9 倍、4/9 倍、2/9 倍等八种采样速率。

1. 正弦波的采样及恢复过程

（1）按图 1-9-1 将 S_2 置于"n"位，倍频选择置于"*16"位，在 in 端加入

2kHz，3000mV 的正弦波，用示波器观察采样系统中采样输入（系统输入）、采样脉冲、采样输出、低通输出等各点的波形。

（2）改变采样速率为 2 倍、4 倍、8 倍，重复上述过程。

（3）当频率选择开关置于"*16 倍"，S_2 位于 n/9 时，可实现 16/9 倍采样，这时采样速率低于信号的 2 倍，采样信号发生混叠现象，恢复信号产生了失真。

2．方波的采样过程

在采样系统的输入端接入频率为 2kHz 的 TTL 信号，并用导线将系统输入端的 Low Pass 的输入输出端短接，重复实验任务 1 的实验过程。

三、实验设备

IST-B 型智能信号测试仪，双踪示波器，信号与系统实验箱。

四、实验参考原理

对连续时间信号进行采样可获得离散时间信号，采样器可看做一个乘法器，连续信号 $f(t)$ 和开关函数 $s(t)$ 在采样器中相乘后输出离散时间信号 $f_s(t)$，如图 1-9-2 所示。

若连续信号的频谱如图 1-9-2 中所示，则对信号的采样信号的频谱包括了原连续信号的频谱以及无限个经过平移的原信号频谱。平移的频谱间隔等于采样频率，如图 1-9-3 所示。

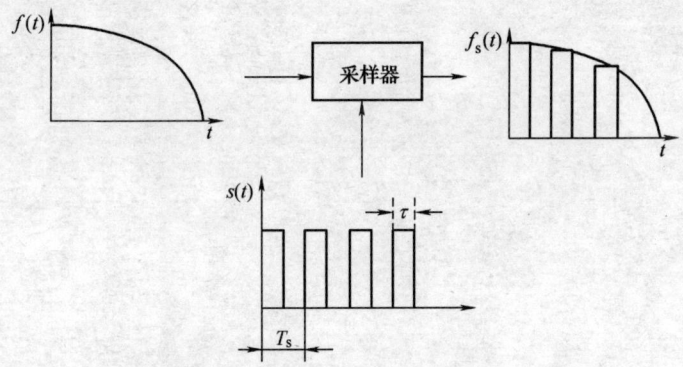

图 1-9-2 连续时间信号及其采样

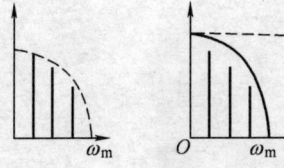
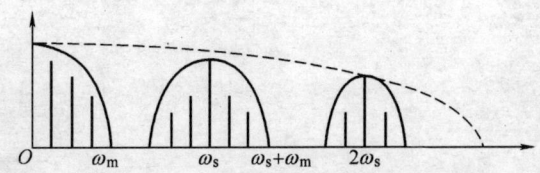

图 1-9-3 以矩形脉冲采样所得信号频谱

如果开关函数是周期性矩形脉冲,且脉冲宽度不为零,则采样信号的频谱的包络线按 Sa(x) 的规律衰减。

如果令采样信号通过低通滤波器,该滤波器的截止频率等于原信号频谱的最高频率 ω_m,那么采样信号中大于最高频率 ω_m 的频率成分被滤去,而仅存原信号频谱的频率成分,这样低通滤波器的输出为得到的恢复的原信号。根据采样定理,采样时间间隔必须满足 $T_s \leqslant \dfrac{\pi}{\omega_m}$,也就是采样频率 $\omega_s = \dfrac{2\pi}{T_s} \geqslant 2\omega_m$ 时,采样信号的频谱才不会发生重叠,而且在通过截止频率为 ω_m 的低通滤波器后能不失真地恢复为原信号。

五、思考题

1. 实验过程中,当对信号实行 2 倍速率采样时,恢复信号有失真,这是为什么?实验箱上什么样的滤波器可以改善这样的情况?

2. 以 $y(t) = 2\sin 100t$ 为例说明其采样过程。

第二篇
基于 MATLAB 语言的信号与系统的仿真实验

本篇是基于 MATLAB 语言的信号与系统实验的软件实现，可完成信号与系统有关内容的如下实验，建议安排 24 学时。

实验一 连续时间信号的时域分析（2 学时）
实验二 离散时间信号的时域分析（2 学时）
实验三 离散系统的时域分析（2 学时）
实验四 连续系统的时域分析（2 学时）
实验五 连续时间周期信号的频域分析（2 学时）
实验六 连续时间信号的频域分析（2 学时）
实验七 连续系统的频域分析及连续信号的采样与重构（3 学时）
实验八 连续系统的复频域分析（3 学时）
实验九 离散系统的 z 域分析（3 学时）
实验十 状态变量分析（3 学时）

实验一 连续时间信号的时域分析

一、实验目的

1. 掌握连续信号的表示及其可视化。
2. 掌握连续信号的时域运算、时域变换及其 MATLAB 的实现方法。
3. 掌握用 MATLAB 分析常用连续时间信号的方法。

二、实验任务

1. 试用 MATLAB 画出信号 $f(t) = t + \sin t$ 的波形。
2. 调用 jieyao 函数，绘出单位阶跃信号在 $-1 \leqslant t \leqslant 3$ 区间的波形。
3. 试用符号函数来生成单位阶跃信号的方法，绘出符号函数及单位阶跃信号的波形。
4. 调用 chongji 函数，绘制 $\delta(t)$ 在 $-1 \leqslant t \leqslant 4$ 区间的波形。
5. 用 MATLAB 命令绘制单边指数函数信号 $e^{-2t}u(t)$ 在 $0 \leqslant t \leqslant 3$ 区间的波形。
6. 用 MATLAB 绘制正弦信号 $f(t) = 4\sin \omega t$，当 $\omega = \dfrac{\pi}{2}$、$\omega = \pi$ 和 $\omega = \dfrac{3\pi}{2}$ 的时域波形。本任务要求用 subs 函数。试着绘出初相位不同的时域波形。
7. 用 MATLAB 绘制实指数信号 $f(t) = e^{at}$ 当 $a = -1, 0, 1$ 时的时域波形。本任务要求用 subs 函数。试从得出的波形验证实指数信号的性质。
8. 试用 MATLAB 画出信号 $f(t) = 3e^{j\frac{\pi t}{4}}$ 的时域波形，并观察该信号的时域特性。
9. 画出复指数信号 $f(t) = e^{-t}e^{j10t}$ 的实部、虚部、模及相角随时间变化的曲线，并观察其特性。（改变实部、虚部的值，并画出其时域特性，对照所得图形，得出复指数信号的特性。）
10. 设信号 $f(t) = (1 + \dfrac{t}{2}) \times [(t+2) - (t-2)]$，用 MATLAB 求 $f(t+2)$，$f(t-2)$，$f(-t)$，$f(2t)$，$-f(t)$，并绘出其时域波形。这里要用到单位脉冲子函数 heaviside。
11. 已知信号 $f_1(t) = (-t+4)[u(t) - u(t-4)]$ 及信号 $f_2(t) = \sin 2\pi t$，用 MATLAB 绘出满足下列要求的信号波形。

（1）$f_3(t) = f_1(-t) + f_1(t)$　　（2）$f_4(t) = -[f_1(-t) + f_1(t)]$
（3）$f_5(t) = f_2(t) \times f_3(t)$　　（4）$f_6(t) = f_1(t) + f_2(t)$

三、实验器材

计算机，软件 MATLAB5.3 及以上版本。

四、预习要求

1. 了解连续时间信号的表示方法：向量法和符号运算法。

2. 熟悉连续信号的时域运算与时域变换（相加、相乘、移位、反折、尺度变换、倒相）原理。

3. 掌握连续信号的产生方法。

（1）单位阶跃信号的三种产生方式

① 工作目录 work 下创建函数 Heavisive 的 M 文件(注意：所有自己编的函数都必须放在 work 库中)，其内容为

function f=heaviside(t),f=(t>0); %t>0 时 f 为 1，否则为 0。

在命令窗口输入：

t=-1:0.01:3,f=heaviside(t),plot(t,f),axis([-1,3,-0.2,1.2]

得到如图 2-1-1 所示的阶跃信号波形。

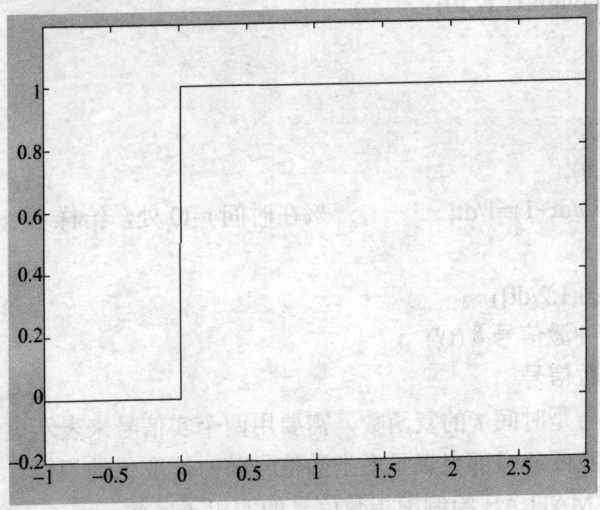

图 2-1-1　单位阶跃信号

② 用向量 f 和 t 分别表示信号的样值及对应时刻值来产生单位阶跃信号。下面是表示和绘制单位阶跃信号的子程序，其中包含信号的移位。

function jieyao(t1,t2,t0)

```
t=t1:0.01:-t0;              %t0 时刻前时间样本向量
tt=-t0:0.01:t2;             %t0 时刻后时间样本向量
n=length(t);                %t0 前时间样本点向量长度
nn=length(tt);              %t0 后样本点向量长度
u=zeros(1,n);               %t0 前各样本点信号值赋值为 0
uu=ones(1,nn);              %t0 后各样本点信号值赋值为 1
plot(tt,uu)                 %绘出 t0 时刻后波形
hold on                     %允许在同一坐标系中添加图形
plot(t,u)                   %绘出 t0 时刻前波形
plot([-t0,-t0],[0,1])       %添加直线
hold off                    %关闭添加命令
title('单位阶跃信号')         %图形标题
axis([t1,t2,-0.2,1.5])      %限制坐标范围
```

③ 用符号函数来生成单位阶跃信号，即 $u(t)=\frac{1}{2}+\frac{1}{2}\mathrm{sgn}(t)$。而 $\mathrm{sgn}(t)$ 包含在 MATLAB 库中。

(2) 单位冲激信号

下面是生成单位冲激信号的通用函数。

```
function chongji(t1,t2,t0)
dt=0.01;
t=t1:dt:t2;
n=length(t);
x=zeros(1,n);
x(1,(-t0-t1)/dt+1)=1/dt;    %在时间 t=t0 处，给样本点赋值为 1/dt
stairs(t,x);
axis([t1,t2,0,1.2/dt])
title('单位冲激信号 δ(t)')
```

(3) 虚指数信号

虚指数信号是时间 t 的复函数，需要用两个实信号来表示虚指数信号，即用模和相角或实部和虚部来表示虚指数信号随时间变化的规律。

下面是用 MATLAB 绘制虚指数信号的实用子函数。

```
function xzsu(w,n1,n2,a)
%n1:绘制波形的起始时间
%n2:绘制波形的终止时间
%w:虚指数信号角频率
```

%a: 虚指数信号的幅度
t=n1:0.01:n2;
X=a*exp(i*w*t);
Xr=real(X);
Xi=imag(X);
Xa=abs(X);
Xn=angle(X);
subplot(2,2,1),plot(t,Xr),axis([n1,n2,–(max(Xa)+0.5),max(Xa)+0.5]),title('实部');
subplot(2,2,3),plot(t,Xi),axis([n1,n2,–(max(Xa)+0.5),max(Xa)+0.5]),title('虚部');
subplot(2,2,2), plot(t,Xa),axis([n1,n2,0,max(Xa)+1]),title('模');
subplot(2,2,4),plot(t,Xn),axis([n1,n2,–(max(Xn)+1),max(Xn)+1]),title('相角');
运行结果如图 2-1-2 所示。

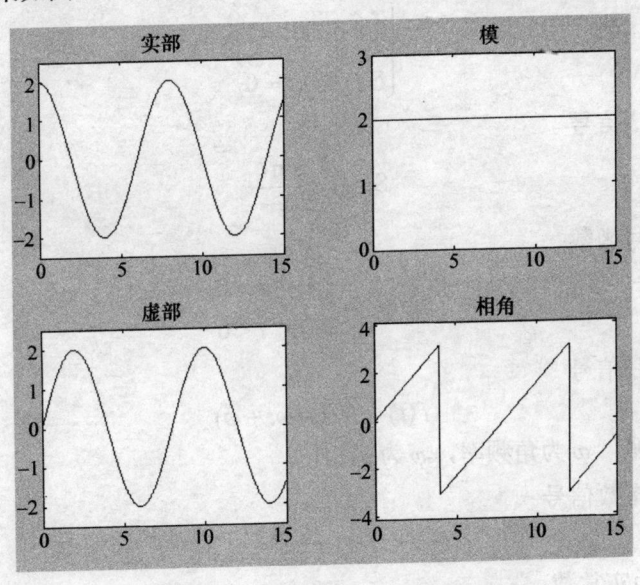

图 2-1-2　虚指数信号时域波形图

4．编写实验任务规定内容的程序。

五、实验参考原理

信号是消息的载体，是消息的一种表现形式。信号可以是多种多样的，通常表现为随时间变化的某些物理量，一般用 $f(t)$ 或 $f(k)$ 来表示。信号按照自变量的取值是否连续可分为连续时间信号和离散时间信号。

所谓连续时间信号,是指自变量的取值范围是连续的,且对于一切自变量的取值,除了有若干不连续点以外,都有确定的值与之对应的信号。从严格意义上讲,MATLAB 并不能处理连续信号。在 MATLAB 中,是用连续信号在等时间间隔点的样值来近似的表示连续信号的,当采样时间间隔足够小时,这些离散的样值就能较好地近似出连续信号。在 MATLAB 中通常用两种方法来表示信号,一种是用向量来表示信号,另一种则是用符号运算的方法来表示信号。用适当的 MATLAB 语句表示出信号后,就可以利用 MATLAB 的绘图命令绘制出直观的信号波形。

1. 常用的连续时间信号

(1) 单位阶跃信号

$$u(t) = \begin{cases} 1, t \geq 0 \\ 0, t < 0 \end{cases}$$

(2) 单位冲激信号

$$\begin{cases} \int_{-\infty}^{\infty} \delta(t) dt = 1 \\ \delta(t) = 0, t \neq 0 \end{cases}$$

(3) Sa(t)信号

$$Sa(t) = \frac{\sin t}{t}$$

(4) 符号函数

$$sgn(t) = \begin{cases} 1, & t > 0 \\ -1, & t < 0 \end{cases}$$

(5) 正弦信号

$$f(t) = A\cos(\omega t + \varphi)$$

其中 A 为振幅,ω 为角频率,φ 为初相位。

(6) 实指数信号

$$f(t) = ce^{at}$$

其中 c 和 a 为实常数。

(7) 虚指数信号

$$f(t) = Ae^{j\omega t} = A(\cos\omega t + j\sin\omega t)$$

其中 A 为常数,ω 为虚指数信号的角频率。

(8) 复指数信号

$$f(t) = Ae^{st} = Ae^{\sigma t}(\cos\omega t + \sin\omega t)$$

其中 $s = \sigma + j\omega$ 为复常数。

2. 连续信号的两种表示方法

（1）向量表示法

对于连续信号 $f(t)$，可以用两个行向量 f 和 t 来表示，其中向量 t 是形如 t1:p:t2 的 MATLAB 命令定义的时间范围向量，t1 为信号起始时间，t2 为终止时间，p 为时间间隔。向量 f 为连续信号 f(t)在向量 t 所定义的时间点上的样值。例如输入：

```
t=-10:1.5:10;
f=sin(t)/t;
plot(t,f);
title('f(t)=Sa(t)');
xlabel('t');
axis([-10,10,-0.4,1.1]);
```

则绘制的 Sa(t)信号波形如图 2-1-3 所示。改变 p 的值，观察绘制的波形与上述波形的差别。

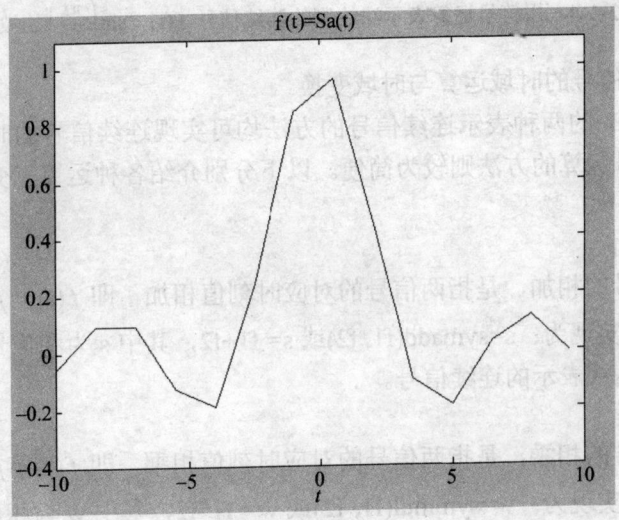

图 2-1-3 用向量表示法绘制的 Sa(t)信号的波形

（2）符号运算表示法

符号运算表示法就是用符号来进行的运算方法。例如：用符号运算表示法绘制连续信号 $f(t) = \sin\left(\dfrac{\pi t}{4}\right)$ 的波形。输入：

```
f=sym('sin(pi/4*t)');
ezplot(f,[-16,16]);
```

则得到的波形如图 2-1-4 所示。试着改变相应的参数，以得到不同的图形。

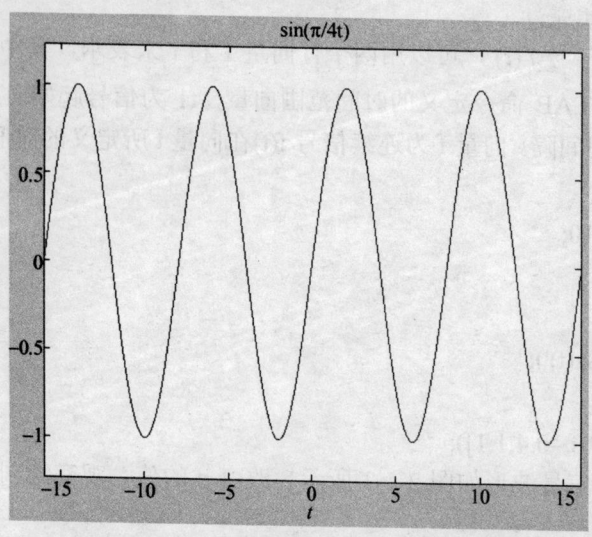

图 2-1-4　用符号运算表示法绘制的连续信号 $f(t)=\sin\left(\dfrac{\pi t}{4}\right)$ 的波形

3．连续信号的时域运算与时域变换

MATLAB 的两种表示连续信号的方法均可实现连续信号的时域运算和变换，但用符号运算的方法则较为简便。以下分别介绍各种运算、变换的符号运算实现方法。

（1）相加

连续信号的相加，是指两信号的对应时刻值相加，即 $f(t)=f_1(t)+f_2(t)$。其 MATLAB 实现为：s=symadd(f1, f2)或 s= f1+f2，其中 s 为和信号，f1, f2 为两个符号表达式表示的连续信号。

（2）相乘

连续信号的相乘，是指两信号的对应时刻值相乘，即 $f(t)=f_1(t)\times f_2(t)$。其 MATLAB 实现为：w=symmul(f1, f2)或 w= f1*f2，其中 w 为积信号，f1, f2 为两个符号表达式表示的连续信号。

（3）移位

连续信号的移位也称平移。对于连续信号 $f(t)$，若有常数 $t_0>0$，延时信号 $f(t-t_0)$ 是将原信号沿正 t 轴方向平移 t_0，而 $f(t+t_0)$ 是将原信号沿负 t 轴方向移动时间 t_0。其 MATLAB 实现为：'y=subs(f,t,t–t0)，f 为符号表达式表示的连续信号，t 是符号变量。

（4）反折

连续信号的反折，是指将信号以纵坐标为轴反折，即将信号 $f(t)$ 中的自变

量 t 换为 $-t$。其 MATLAB 实现为：y=subs(f,t,–t)，f 为符号表达式表示的连续信号，t 是符号变量。

（5）尺度变换

连续信号的尺度变换，是指将信号的横坐标进行展宽或压缩变换，即将信号 $f(t)$ 中的自变量 t 换为 at，当 $a>1$ 时，信号 $f(at)$ 以原点为基准，沿横轴压缩到原来的 $\frac{1}{a}$；当 $0<a<1$ 时，信号 $f(at)$ 将沿横轴展宽至原来的 $\frac{1}{a}$ 倍。其 MATLAB 实现为：y=subs(f,t,a*t)，f 为符号表达式表示的连续信号，t 是符号变量。

（6）倒相

连续信号的倒相，是指将信号 $f(t)$ 以横轴为对称轴对折得到 $-f(t)$。其 MATLAB 实现为：y=–f，f 为符号表达式表示的连续信号。

六、思考题

1. MATLAB 能处理连续信号吗？如果能，那么是怎样表示连续信号的？
2. 试比较连续信号的两种表示方法，体会它们的优缺点。
3. 通过本次实验，总结 MATLAB 处理连续信号的优点及不足。

实验二 离散时间信号的时域分析

一、实验目的

1. 掌握离散信号的表示及其可视化的方法。
2. 掌握离散信号的时域运算、时域变换及其 MATLAB 的实现方法。
3. 掌握用 MATLAB 分析常用离散时间信号的方法。

二、实验任务

1. 试调用 dwxulie 画出 $\delta(k)$ 在 $-4 \leqslant t \leqslant 4$ 区间的波形。改变 k_0 的值,观察所得的波形。

2. 试调用 jyxulie 绘出单位阶跃序列 $u(k)$ 在 $-4 \leqslant t \leqslant 7$ 区间的波形。改变 k_0 的值,观察所得的波形。

3. 试用 MATLAB 画出正弦序列 $f_1(k) = \cos\left(\dfrac{k\pi}{8}\right)$,$f_2(k) = \cos 2k$ 的时域波形,观察它们的周期性,并验证是否与原理中所述一致。

4. 试编程调用 dszsu 子函数,画出序列 $f_1(k) = \left(\dfrac{5}{4}\right)^k u(k)$,$f_2(k) = \left(-\dfrac{3}{4}\right)^k u(k)$ 的时域波形,观察两序列的时域特性。

5. 试调用 dxzsu 子函数,画出序列 $f_1(k) = e^{j\frac{k\pi}{4}}$,$f_2(k) = e^{j2k}$ 的时域波形,并分析实部、虚部、相角的周期性与角频率的关系。

6. 调用 dfzsu 子程序绘出 $f(k) = 0.9^k e^{j\frac{k\pi}{4}}$ 的时域波形,观察信号的时域特性,并与理论相对照。

7. 调用 lsxj 子函数,绘出所给的两个离散序列的波形及 $f_1(k) + f_2(k)$ 的波形。$f_1(k) = \{-2,-1,\underset{k=0}{0},1,2\}$,$f_2(k) = \{1,\underset{k=0}{1},1\}$。

8. 调用 lsfz 子函数,绘出离散序列 $f(k) = \begin{cases} 3^k, & -3 \leqslant k \leqslant 3 \\ 0, & k = 其他 \end{cases}$ 的波形及反折后的波形。

实验二　离散时间信号的时域分析

9．调用 lsyw 子函数，绘出离散序列 $f(k)=\begin{cases}k^2, & -3\leqslant k\leqslant 3\\ 0, & k=\text{其他}\end{cases}$ 的波形及 $y=f(k-2)$ 的波形。

10．调用 lsdx 子函数，绘出离散序列 $f(k)=\begin{cases}k^2, & -3\leqslant k\leqslant 3\\ 0, & k=\text{其他}\end{cases}$ 的波形及 $y=f(k-2)$ 的波形。

三、实验器材

计算机，软件 MATLAB5.3 及以上版本。

四、预习要求

1．了解离散时间信号的表示方法：向量法。

2．熟悉离散信号的时域运算与时域变换（相加、相乘、移位、反折、倒相）原理。

3．掌握离散序列的产生方法。

（1）单位序列

下面给出 MATLAB 绘制单位序列 $\delta(k+k_0)$ 的子程序，其中 k_0 为 $\delta(k)$ 在时间轴上的位移量，$k_0<0$ 则右移，$k_0>0$ 则左移，k_1，k_2 为时间序列的起始时间序号，且 $k_1\leqslant k_0\leqslant k_2$。波形如图 2-2-1 所示。

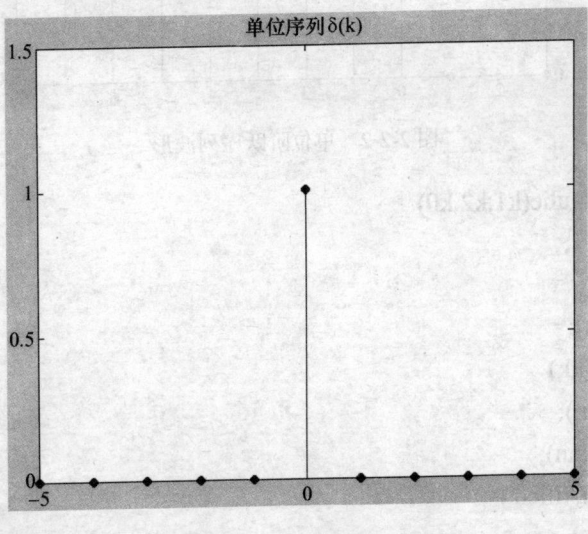

图 2-2-1　单位序列波形

function dwxulie(k1,k2,k0)

```
k=k1:k2;
n=length(k);
f=zeros(1,n);
f(1,-k0-k1+1)=1;
stem(k,f,'filled')
axis([k1,k2,0,1.5])
title('单位序列 δ (k)')
```

(2) 单位阶跃序列

下面给出绘制单位阶跃序列 $u(k+k_0)$ 的 MATLAB 子程序 (k_0, k_1, k_2 的含义同上), 波形如图 2-2-2 所示。

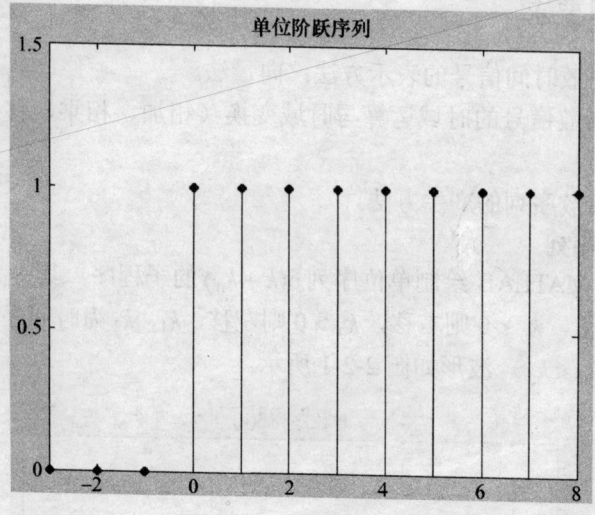

图 2-2-2 单位阶跃序列波形

```
function jyxulie(k1,k2,k0)
k=k1:-k0-1;
kk=-k0:k2;
n=length(k);
nn=length(kk)
u=zeros(1,n);
uu=ones(1,nn);
stem(kk,uu,'filled')
hold on
stem(k,u,'filled')
hold off
```

title('单位阶跃序列')

axis([k1 k2 0 1.5])

（3）离散时间实指数序列

下面给出绘制实指数序列波形的子函数。

function dszsu(c,a,k1,k2)

%c: 指数序列的幅度

%a: 指数序列的底数

%k1：绘制序列的起始序号

%k2：绘制序列的终止序号

k=k1:k2;

x=c*(a.^k);

stem(k,x,'filled')

hold on

plot([k1,k2],[0,0])

hold off

（4）离散时间虚指数序列

下面给出绘制虚指数序列波形的子函数。

function[]=dxzsu(n1,n2,w)

%n1：   绘制波形的虚指数序列的起始时间序号

%n2：   绘制波形的虚指数序列的终止时间序号

%w：   虚指数序列的角频率

k=n1:n2;

f=exp(i*w*k);

Xr=real(f)

Xi=imag(f)

Xa=abs(f)

Xn=angle(f)

subplot(2,2,1), stem(k,Xr,'filled'),title('实部');

subplot(2,2,3), stem(k,Xi,'filled'),title('虚部');

subplot(2,2,2), stem(k,Xa,'filled'),title('模');

subplot(2,2,4), stem(k,Xn,'filled'),title('相角');

（5）复指数序列

绘制复指数序列时域波形的子函数如下，波形如图 2-2-3 所示。

function dfzsu(n1,n2,r,w)

%n1：绘制波形的虚指数序列的起始时间序号

%n2：绘制波形的虚指数序列的终止时间序号
%w： 虚指数序列的角频率
%r： 指数序列的底数
k=n1:n2;
f=(r*exp(i*w)).^k;
Xr=real(f);
Xi=imag(f);
Xa=abs(f);
Xn=angle(f);
subplot(2,2,1), stem(k,Xr,'filled'),title('实部');
subplot(2,2,3), stem(k,Xi,'filled'),title('虚部');
subplot(2,2,2), stem(k,Xa,'filled'),title('模');
subplot(2,2,4), stem(k,Xn,'filled'),title('相角');

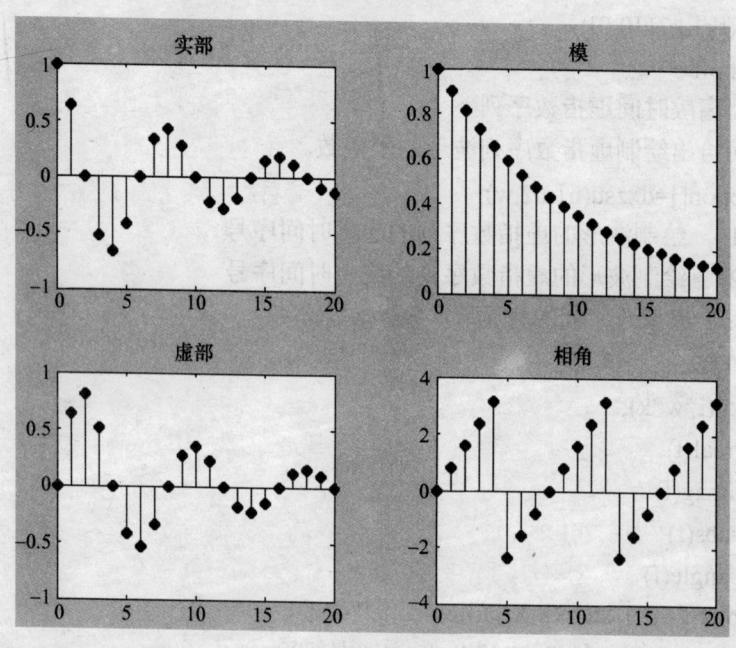

图 2-2-3　复指数序列波形

五、实验参考原理

我们所接触的信号大多数为连续信号，为使之便于处理，往往要对其进行采样并保证其能完全恢复，因此对采样频率需要有一定的限制。而离散时间信号则通常来源于对模拟信号的采样，它是一种自变量取离散值，而函数值取连续值的信号。

一般来说，离散时间信号用 $f(k)$ 表示，其中变量 k 为整数，代表离散的采样时间点。$f(k)$ 可表示为

$$f(k) = \{\cdots, f(-2), f(-1), \underset{k=0}{\uparrow} f(0), f(1), f(2), \cdots\}$$

在 MATLAB 中，用一个向量 f 即可表示一个有限长度的序列。但是，这样的向量并没有包含其对应的时间序号信息，所以要完整地表示离散信号，需要用两个向量。如序列：

$$f(k) = \{1, 2, -1, \underset{k=0}{\uparrow} 3, 2, 4, -1\}$$

在 MATLAB 中应表示为：k=[-3,-2,-1,0,1,2,3]或是 k=-3:3；f=[1,2,-1,3,2,4,-1]。

在用 MATLAB 表示离散序列并将其可视化时，要注意以下几点：第一，与连续时间信号不同，离散时间信号无法用符号运算来表示；第二，由于在 MATLAB 中，矩阵的元素个数是有限的，因此，MATLAB 无法表示无限序列；第三，在绘制离散信号波形时，要使用专门绘制离散数据的 stem 命令，而不是 plot 命令。

1. 基本的离散序列

(1) 单位样值序列

$$\delta(k) = \begin{cases} 1, k = 0 \\ 0, k \neq 0 \end{cases}$$

(2) 单位阶跃序列

$$u(k) = \begin{cases} 1, k > 0 \\ 0, k < 0 \end{cases}$$

(3) 离散时间实指数序列

$$f(k) = ca^k，其中 c 和 a 为实常数$$

(4) 复数指数序列

$$f(k) = r^k \mathrm{e}^{\mathrm{j}\omega k} = r^k(\cos\omega k + \mathrm{j}\sin\omega k)$$

复数指数序列的实部和虚部分别为幅度按指数规律变化的正弦序列。

(5) 离散时间虚指数序列

$$f(k) = \mathrm{e}^{\mathrm{j}\omega k} = (\cos\omega k + \mathrm{j}\sin\omega k)$$

离散时间虚指数序列的实部和虚部均是等幅的正弦序列。

(6) 正余弦序列

$$f(k) = A\cos(k\omega + \varphi)$$

其中 k 为无量纲的整数，ω 和 φ 以弧度为单位，ω 为数字角频率，φ 为初相位。

注意：并非所有的离散时间正余弦序列都是有周期的。这是因为离散时间

信号的自变量和周期序列的周期都必须是整数，在正余弦序列中并非对任意的 ω 都能找到正整数的周期 N。而要使其具有周期，则必须使 $\omega N = 2m\pi$，即 $N = \dfrac{2m\pi}{\omega}$，$m$ 为整数，且 $\dfrac{2\pi}{\omega}$ 为有理数。

2. 离散序列的时域运算及时域变换

对于离散序列来说，序列相加、相乘是将两序列对应时间序号的值逐项相加或相乘，平移、反折及倒相变换与连续信号的定义完全相同。但需注意，与连续信号不同的是，在 MATLAB 中，离散序列的时域运算和变换不能用符号运算来实现，而必须用向量表示的方法，即在 MATLAB 中离散序列的相加、相乘需表示成两个向量的相加、相乘，因而参加运算的两序列向量必须具有相同的维数。

（1）离散序列相加及其结果可视化的实现

下面的函数对于相加运算的二序列向量 f1、f2 通过补零的方式成为同维数的二序列向量 s1、s2。因而在调用该函数时，要进行相加运算的二序列向量维数可以不同。

```
function[f,k]=lsxj(f1,f2,k1,k2)
k=min(min(k1),min(k2)):max(max(k1),max(k2));
s1=zeros(1,length(k));s2=s1;
s1(find((k>=min(k1))&(k<=max(k1))==1))=f1;
s2(find((k>=min(k2))&(k<=max(k2))==1))=f2;
f=s1+s2;
stem(k,f,'filled')
axis([(min(min(k1),min(k2))–1),(max(max(k1),max(k2))+1),(min(f)–0.5),(max(f)+0.5)])
```

（2）离散序列相乘及其结果可视化的实现

与相加运算类似，学生自行编制子函数并举例验证。

（3）离散序列反折及 MATLAB 实现

离散序列的反折，即是将表示离散序列的两向量以零时刻的取值为基准点，以纵轴为对称反折，向量的反折可用 MATLAB 中的 fliplr 函数实现。

下面是用 MATLAB 来实现离散序列反折及其结果可视化的子函数。

```
function[f,k]=lsfz(f1,k1)
f=fliplr(f1);k=–fliplr(k1);
stem(k,f,'filled')
axis([min(k)–1,max(k)+1, min(f)–0.5,max(f)+0.5])
```

（4）离散序列的平移及 MATLAB 实现

离散序列的平移可看做将离散序列的时间序号向量平移,而表示对应时间序号点的序列样值不变,当序列向左移动 k0 个单位时,所有时间序号向量都减小 k0 个单位,反之则增加 k0 个单位。可用下面的子函数来实现。

function[f,k]=lsyw(ff,kk,k0)
k=kk+k0;f=ff;
stem(k,f,'filled')
axis([min(k)–1,max(k)+1,min(f)–0.5,max(f)+0.5])

(5)离散序列的倒相变换及 MATLAB 实现

离散序列的倒相可看做将表示序列样值的向量取反、而对应的时间序号向量不变得到的离散时间序列,可用下面的子函数来实现。

function[f, k]=lsdx(ff,kk)
f=–ff
k=kk
stem(k,f,'filled')
axis([min(k)–1,max(k)+1,min(f)–0.5,max(f)+0.5])

六、思考题

1. 比较 stairs、plot、stem、ezplot 命令的异同点。
2. x=c*(a.^k)中 a 后面的点能否省略?

实验三 离散系统的时域分析

一、实验目的

1. 掌握离散时间序列卷积和 MATLAB 实现的方法。
2. 掌握离散系统的单位响应及其 MATLAB 实现的方法。
3. 掌握用 MATLAB 求 LTI 离散系统响应的方法。

二、实验任务

1. 用 conv() 函数求卷积。已知序列如下，用 MATLAB 实现其卷积和并绘出其波形，讨论其结果。

$$f_1(k) = \begin{cases} 1, 0 \leq k \leq 2 \\ 0, k = 其他 \end{cases} \quad 和 \quad f_2(k) = \begin{cases} 1, k=1 \\ 2, k=2 \\ 3, k=3 \\ 0, 其他 \end{cases}$$

2. 试调用 dconv 子函数计算如下序列的卷积和 $f(k)$，绘出它们的时域波形，并说明序列 $f_1(k)$ 和 $f_2(k)$ 的时域宽度与 $f(k)$ 序列的时域宽度的关系。

$$f_1(k) = \begin{cases} 1, k=-1 \\ 2, k=0 \\ 1, k=1 \\ 0, 其他 \end{cases} \quad 和 \quad f_2(k) = \begin{cases} 1, -2 \leq k \leq 2 \\ 0, k = 其他 \end{cases}$$

3. 已知某 LTI 离散系统，其单位响应 $h(k) = u(k) - u(k-5)$，求该系统在激励为 $f(k) = u(k) - u(k-4)$ 时的零状态响应 $y(k)$，并绘出其时域波形图。

4. 已知描述某离散系统的差分方程如下

$$y(k) - 2y(k-1) + 2y(k-2) = f(k) + 3f(k-1) + 2f(k-2)$$

试用 MATLAB 绘出该系统 0~50 时间范围内单位响应的波形。

5. 已知描述某离散系统的差分方程如下

$$y(k) - 0.75y(k-1) - 0.5y(k-2) = f(k) + f(k-1)$$

且知该系统输入序列为 $f(k) = \left(\dfrac{1}{2}\right)^k u(k)$。试用 MATLAB 实现下列分析过程：

① 画出输入序列的时域波形；

② 求出系统零状态响应在 0~20 区间的样值；
③ 画出系统的零状态响应波形图。
6. 已知描述某离散系统的差分方程如下

$$y(k)+y(k-1)+\frac{1}{4}y(k-2)=f(k)$$

试用 MATLAB 绘出该系统单位阶跃响应 $g(k)$ 的时域波形。

三、实验器材

计算机，软件 MATLAB5.3 及以上版本。

四、预习要求

1. 熟悉离散时间序列的卷积和原理。
2. 熟悉编程实现离散时间序列的卷积和。
3. 熟悉离散系统的单位响应及其函数 impz() 的调用格式。
4. 熟悉 filter() 函数的调用格式。

五、实验参考原理

1. 离散时间序列卷积和

离散时间序列 $f_1(k)$ 和 $f_2(k)$ 的卷积和定义为

$$f(k)=f_1(k)*f_2(k)=\sum_{i=-\infty}^{\infty}f_1(i)\cdot f_2(k-i) \qquad (2\text{-}3\text{-}1)$$

在离散信号与系统的分析过程中，有两个与卷积和相关的重要结论，这就是：
① 离散序列可分解为一系列幅度由 $f(k)$ 决定的单位序列 $\delta(k)$ 及其平移序列之和，即

$$f(k)=\sum_{i=-\infty}^{\infty}f(i)\cdot\delta(k-i)=f(k)*\delta(k)$$

② 对线性时不变系统，设其输入序列为 $f(k)$，单位响应为 $h(k)$，其零状态响应为 $y(k)$，则有

$$f(k)=f(k)*h(k)=\sum_{i=-\infty}^{\infty}f_1(i)\cdot h(k-i)$$

可见，离散序列卷积和的计算对进行离散信号与系统的分析具有非常重要的意义。

该序列 $f_1(k)$ 在区间 $n_1 \sim n_2$ 非零，$f_2(k)$ 在区间 $m_1 \sim m_2$ 非零，则 $f_1(k)$ 的时域宽度为 $L_1 = n_1 - n_2 + 1$，$f_2(k)$ 的时域宽度为 $L_2 = m_1 - m_2 + 1$。由卷积和的定义可得，序列 $f(k) = f_1(k)*f_2(k)$ 的时域宽度为 $L = L_1 + L_2 - 1$，且只在区间

$(n_1+m_1) \sim n_1+m_1+(L_1+L)-2$ 非零。因此，对于 $f_1(k)$ 和 $f_2(k)$ 均为有限区间非零的情况，只需要计算序列 $f(k)$ 在区间 $(n_1+m_1) \sim n_1+m_1+(L_1+L)-2$ 的序列值，便可以表征整个序列 $f(k)$。

MATLAB 的 conv()函数可以帮助我们快速求出两个离散序列的卷积和。conv 函数的调用格式为：f=conv(f1,f2)，其中 f1 为包含序列 $f_1(k)$ 的非零样值点的行向量，f2 为包含序列 $f_2(k)$ 的非零样值点的行向量，向量 f 则返回序列 $f(k)=f_1(k)*f_2(k)$ 的所有非零样值点的行向量。

2．利用子函数求卷积和

下面给出的子函数在计算出卷积和的同时，还绘出了各个序列的时域波形，并返回卷积和的非零样值点的对应向量。

```
function [f,k]=dconv(f1,f2,k1,k2)
%The function of compute    f=f1*f2
% f:    卷积和序列 f(k)对应的非零样值向量
% k:    序列 f(k)的对应序号向量
% f1:   序列 f1(k)非零样值向量
% f2:   序列 f2(k)的非零样值向量
% k1:   序列 f1(k)的对应序号向量
% k2:   序列 f2(k)的对应序号向量
f=conv(f1,f2)              %计算序列 f1 与 f2 的卷积和 f
k0=k1(1)+k2(1);            %计算序列 f 非零样值的起点位置
k3=length(f1)+length(f2)-2;  %计算卷积和 f 的非零样值的宽度
k=k0:k0+k3                 %确定卷积和 f 非零样值的序号向量
subplot(2,2,1)
stem(k1,f1)                %在子图 1 绘序列 f1(k)的时域波形图
title('f1(k)')
xlabel('k')
ylabel('f1(k)')
subplot(2,2,2)
stem(k2,f2)                %在子图 2 绘序列 f2(k)的时域波形图
title('f1(k)')
xlabel('k')
ylabel('f2(k)')
subplot(2,2,3)
stem(k,f);                 %在子图 3 绘序列 f(k)的时域波形图
title('f(k)f1(k)与 f2(k)的卷积和 f(k)')
```

```
xlabel('k')
ylabel('f(k)')
h=get(gca,'position');
h(3)=2.5*h(3);
set(gca,'position',h) %将第三个子图的横坐标范围扩为原来的 2.5 倍
```

3．离散系统的单位响应

LTI 离散系统当输入为单位样值序列 δ(k) 时产生的零状态响应称为系统的单位样值响应（简称单位响应），用 $h(k)$ 表示。系统输入为单位阶跃序列 $u(k)$ 时产生的零状态响应称为系统的单位阶跃响应，记为 $g(k)$。

对于 LTI 离散系统，设其输入序列为 $f(k)$，单位样值响应为 $h(k)$，零状态响应为 $y(k)$，则有

$$y(k) = f(k) * h(k)$$

即 $h(k)$ 包含了离散系统的固有特性，与输入序列无关。我们只要知道了离散系统的单位样值响应，即可求得系统在不同输入时产生的输出。因此，求解离散系统的单位样值响应 $h(k)$ 对我们进行离散系统的分析也同样具有非常重要的意义。

MATLAB 为用户提供了专门用于求离散系统单位响应并绘制其时域波形的函数 impz()。在调用 impz()时，与连续系统一样，也需要用向量来对离散系统进行表示。

设描述离散系统的差分方程为

$$\sum_{i=0}^{N} a_i y(k-i) = \sum_{j=0}^{M} b_j f(k-j) \qquad (2\text{-}3\text{-}2)$$

则可以用向量 a 和 b 表示该系统，即

$$a = [a_0, a_1, \cdots, a_{N-1}, a_N], \quad b = [b_0, b_1, \cdots, b_{M-1}, b_M] \qquad (2\text{-}3\text{-}3)$$

注意：在用向量来表示差分方程描述的离散系统时，缺项要用 0 来补齐。例如：对差分方程 $y(k) - 8y(k-2) = f(k) - f(k-1)$，则表示该离散系统的对应向量为：a=[1 0 8]；b=[1 −1]。

函数 impz()能绘出向量 a 和 b 定义的离散系统在指定时间范围内单位响应的时域波形，并能求出系统单位响应在指定时间范围内的数值解。函数 impz()有如下几种调用格式。

（1）impz(b,a)

该调用格式以默认方式绘出向量 a 和 b 定义的离散系统的单位响应的离散时间波形。

（2）impz(b,a,n)

该调用格式将绘出向量 a 和 b 定义的离散系统在 0~n（n 必须为整数）离

散时间范围内的单位响应的时域波形。

（3）impz(b,a,n1,n2)

该调用格式将绘出向量 a 和 b 定义的离散系统在 n1~n2（n1、n2 必须为整数，且 n1<n2）离散时间范围内的单位响应的时域波形。

（4）y=impz(b,a,n1,n2)

该调用格式并不绘出系统单位响应的时域波形，而是求出向量 a 和 b 定义的离散系统在 n1~n2 离散时间范围内的系统单位响应的数值解。

4. 利用 MATLAB 求 LTI 离散系统的响应

MATLAB 为用户提供了求 LTI 离散系统响应的专用函数 filter()。该函数能求出由差分方程描述的离散系统在指定时间范围内的输入序列时，产生的响应序列的数值解。

filter()函数的调用格式为：

filter(b,a,x)

其中 b 和 a 是由描述系统的差分方程的系数决定的表示离散系统的两个行向量，x 是包含输入序列非零样值点的行向量。则上述命令将求出系统在与 x 的采样时间点相同的输出序列样值，即输出向量 y 包含了与输入向量 x 所在样本同一区间上的样本。

六、思考题

1. 通过实验任务 1 的波形可以得出什么样的结论？（关于非零样值点的时间序号以及序列 $f_1(k)$ 和 $f_2(k)$ 的时域宽度与 $f(k)$ 序列的时域宽度的关系。）

2. 无限序列卷积和能调用 conv()函数计算吗？为什么？

实验四　连续系统的时域分析

一、实验目的

1. 掌握连续时间信号卷积及 MATLAB 实现的方法。
2. 掌握连续系统的冲激响应、阶跃响应及其 MATLAB 的实现方法。
3. 掌握用 MATLAB 求 LTI 连续系统响应的方法。

二、实验任务

1. 已知两连续时间信号为

$$f_1(t) = \frac{1}{2}t[u(t)-u(t-2)], \quad f_2(t) = u(t)-u(t-2)$$

试用 MATLAB 求 $f(t) = f_1(t) * f_2(t)$，并绘出 $f(t)$ 的时域波形图。

2. 已知两连续时间信号为

$$f_1(t) = 2[u(t+1)-u(t-1)], \quad f_2(t) = u(t+2)-u(t-2)$$

试用 MATLAB 求 $f(t) = f_1(t) * f_2(t)$，并绘出 $f(t)$ 的时域波形图。

3. 已知描述某连续系统的微分方程为

$$y''(t) + 5y'(t) + 6y(t) = f'(t) + 2f(t)$$

试用 MATLAB 绘出该系统的冲激响应的波形。

4. 已知某连续系统的微分方程为

$$2y''(t) + y'(t) + 6y(t) = f(t)$$

试用 MATLAB 绘出该系统的冲激响应和阶跃响应的波形。

5. 已知描述某连续系统的微分方程为

$$y''(t) + 2y'(t) + y(t) = 3f'(t) + 2f(t)$$

若输入信号为 $f(t) = e^{2t}u(t)$，求该系统的零状态响应。

三、实验器材

计算机，软件 MATLAB5.3 及以上版本。

四、预习要求

1. 熟悉连续系统的卷积积分原理。

2. 熟悉编程实现连续系统的卷积过程。
3. 熟悉冲激响应及其函数 impulse() 的调用格式。
4. 熟悉阶跃响应及其函数 step() 的调用格式。
5. 熟悉函数 lsim() 的调用格式。

五、实验参考原理

1. 卷积积分的原理

卷积积分在信号与线性系统分析中具有非常重要的意义，是信号与系统分析的基本方法之一。下面简单回顾卷积积分的基本方法和原理。

设 $p_\Delta(t)$ 为时域宽度 Δ，高度为 $1/\Delta$ 的矩形门信号，如图 2-4-1 所示。让信号 $p_\Delta(t)$ 通过 LTI 连续系统，产生的响应为 $h_\Delta(t)$。

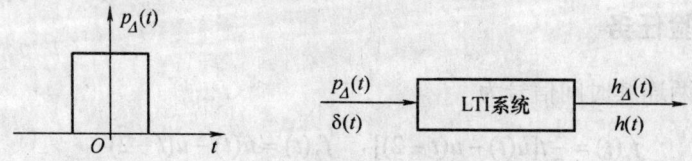

图 2-4-1 $h_\Delta(t)$ 响应

根据冲激信号的定义有：$\delta(t) = \lim\limits_{\Delta \to 0} p_\Delta(t)$

显然，该系统的冲激响应为

$$h(t) = \lim_{\Delta \to 0} h_\Delta(t)$$

现考虑连续信号 $f(t)$，可对该信号进行时域分解，即将 $f(t)$ 近似表示成一系列信号 $p_\Delta(t)$ 的时间平移信号的线性组合，即

$$f(t) \approx f_\Delta(t) = \sum_{k=-\infty}^{\infty} f(k\Delta) \cdot p_\Delta(t - k\Delta) \cdot \Delta$$

将 $f_\Delta(t)$ 作为激励信号接入上述 LTI 系统，则由线性系统的性质可得，此时系统零状态响应 $f_\Delta(t) = \sum\limits_{k=-\infty}^{\infty} f(k\Delta) \cdot h_\Delta(t - k\Delta) \cdot \Delta$

当 $\Delta \to 0$ 时，显然有

$$f(t) = \lim_{\Delta \to 0} f_\Delta(t) = \lim_{\Delta \to 0} \sum_{k=-\infty}^{\infty} f(k\Delta) \cdot p_\Delta(t - k\Delta) \cdot \Delta = \int_{-\infty}^{\infty} f(\tau) \cdot \delta(t - \tau) \mathrm{d}\tau \quad (2-4-1)$$

$$y(t) = \lim_{\Delta \to 0} y_\Delta(t) = \lim_{\Delta \to 0} \sum_{k=-\infty}^{\infty} f(k\Delta) \cdot h_\Delta(t - k\Delta) \cdot \Delta = \int_{-\infty}^{\infty} f(\tau) \cdot h(t - \tau) \mathrm{d}\tau \quad (2-4-2)$$

式（2-4-1）和式（2-4-2）在数学上具有相同的规律，因此将连续时间信号 $f_1(t)$ 和 $f_2(t)$ 的卷积积分（简称为卷积）$f(t)$ 定义为

$$f(t) = f_1(t) * f_2(t) = \int_{-\infty}^{\infty} f_1(\tau) \cdot f_2(t-\tau) \mathrm{d}\tau \qquad (2\text{-}4\text{-}3)$$

从以上连续信号与系统的分析,可以得出两个与卷积相关的重要结论。

(1) $y(t) = f(t) * \delta(t)$,即连续信号可分解为一系列幅度由 $f(t)$ 决定的冲激信号 $\delta(t)$ 及其平移信号之和。

(2) 线性时不变连续系统,设其输入信号为 $f(t)$,单位响应为 $h(t)$,其零状态响应为 $y(t)$,则有: $y(t) = f(k) * h(k)$。

MATLAB 实现连续信号 $f_1(t)$ 和 $f_2(t)$ 卷积的过程如下。

① 将连续信号 $f_1(t)$ 和 $f_2(t)$ 以时间间隔 Δ 采样,得到离散序列 $f_1(\Delta t)$ 和 $f_2(\Delta t)$。

② 构造与 $f_1(\Delta t)$ 和 $f_2(\Delta t)$ 相对应的时间向量 k1 和 k2(注意,此时时间序列向量 k1 和 k2 的元素不再是整数,而是采样间隔 Δ 的整数倍的时间间隔点)。

③ 调用 conv() 函数计算卷积积分 $f(t)$ 的近似向量 f。

④ 构造 f 对应的时间向量 k。

下面给出利用 MATLAB 实现连续信号卷积的通用函数 sconv(),该程序在计算出卷积积分的数值近似的同时,还绘出 $f(t)$ 的时域波形图。需要注意的是,程序中是如何构造 $f(t)$ 的对应时间向量 k 的,另外,程序在绘制 $f(t)$ 波形图时采用的是 plot 命令而不是 stem 命令。

```
function  [f,k]=sconv(f1,f2,k1,k2,p)
%计算连续信号卷积积分 f(t)=f1(t)*f2(t)
% f:   卷积积分 f(t)对应的非零样值向量
% k:   f(t)的对应时间向量
% f1:  f1(t)的非零样值向量
% f2:  f2(t)的非零样值向量
% k1:  f1(t)的对应时间向量
% k2:   序列 f2(t)的对应时间向量
% p:     采样时间间隔
f=conv(f1,f2);                %计算序列 f1 与 f2 的卷积和 f
f=f*p;
k0=k1(1)+k2(1);               %计算序列 f 非零样值的起点位置
k3=length(f1)+length(f2)–2;   %计算卷积和 f 的非零样值的宽度
k=k0:p:k3*p;                  %确定卷积和 f 非零样值的时间向量
subplot(2,2,1)
plot(k1,f1)                   %在子图 1 绘 f1(t)时域波形图
title('f1(t)')
```

```
xlabel('t')
ylabel('f1(t)')
subplot(2,2,2)
plot(k2,f2)                    %在子图 2 绘 f2(t)时域波形图
title('f2(t)')
xlabel('t')
ylabel('f2(t)')
subplot(2,2,3)
plot(k,f);                     %绘卷积 f(t)的时域波形
h=get(gca,'position');
h(3)=2.5*h(3);
set(gca,'position',h)   %将第三个子图的横坐标范围扩为原来的 2.5 倍
title('f(t)=f1(t)*f2(t)')
xlabel('t')
ylabel('f(t)')
```

2．冲激响应和阶跃响应的原理

LTI 系统当输入为冲激信号 $\delta(t)$ 时产生的零状态响应称为系统的冲激响应，用 $h(t)$ 表示。输入为单位阶跃信号 $u(t)$ 时系统产生的零状态响应称为系统的阶跃响应，记为 $g(t)$，如图 2-4-2 所示。

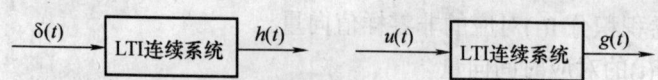

图 2-4-2 冲激响应和阶跃响应示意图

对 LTI 连续系统，设其输入信号为 $f(t)$，冲激响应为 $h(t)$，零状态响应为 $y(t)$，则有：$y(t) = f(t)*h(t)$，即 $h(t)$ 包含了连续系统的固有特性，与系统的输入无关。只要知道了系统的冲激响应，即可求得系统在不同输入时产生的输出。因此，求解系统的冲激响应 $h(t)$ 对我们进行连续系统的分析具有非常重要的意义。

MATLAB 为用户提供了专门用于求连续系统冲激响应及阶跃响应并绘制其时域波形的函数 impulse 和 step。在调用函数 impulse 和 step 时，需要用向量来对连续系统进行表示。

设描述连续系统的微分方程为

$$\sum_{i=0}^{N} a_i y^i(t) = \sum_{j=0}^{M} b_j f^j(t)$$

则可以用向量 a 和 b 来表示该系统，即：$a = [a_N, a_{N-1}, \cdots, a_1, a_0]$，$b = [b_M, b_{M-1}, \cdots, b_1, b_0]$。

注意：在用向量来表示微分方程描述的连续系统时，向量 a 和 b 的元素一定要以微分方程时间求导的降幂次序来排列，且缺项要用 0 来补齐。例如，对微分方程 $2y''(t) + 3y'(t) + 6y(t) = f(t)$，则表示该系统的对应向量应为：a=[2 3 6]；b=[1]；而对微分方程 $y''(t) + 3y'(t) + 2y(t) = f''(t) + f(t)$，则表示该系统的对应向量应为：a=[1 3 2]；b=[1 0 1]。

（1）冲激响应的实现

函数 impulse() 将用来求冲激响应，并给出其时域波形图，其调用格式有四种。

① impulse(b,a)

该调用格式以默认方式绘出向量 a 和 b 定义的连续系统的冲激响应的时域波形。

② impulse(b,a,t)

该调用格式绘出由向量 a 和 b 定义的连续系统在 0~t 时间范围内冲激响应的时域波形。

③ impulse(b,a,t1:p:t2)

该调用格式绘出由向量 a 和 b 定义的连续系统在 t1~t2 时间范围内，且以时间间隔 p 均匀采样的冲激响应的时域波形。

④ y=impulse(b,a, t1:p:t2)

该调用格式并不绘出系统冲激响应的波形，而是求出由向量 a 和 b 定义的连续系统在 t1~t2 时间范围内以时间间隔 p 均匀采样的系统冲激响应的数值解。

（2）阶跃响应的实现

函数 step 将用来求阶跃响应，并绘出其时域波形图。

与 impulse 函数一样，step 函数也有如下四种调用格式：step(b,a)、step(b,a,t)、step(b,a,t1:p:t2)、y= step(b,a,t1:p:t2)，相应的变量表示的意义相同。

3．LTI 连续系统的响应

我们知道，LTI 连续系统可用如下所示的线性常系数微分方程来描述：

$$\sum_{i=0}^{N} a_i y^{(i)}(t) = \sum_{j=0}^{M} b_j f^{(j)}(t)$$

MATLAB 的函数 lsim() 能对上述微分方程描述的 LTI 系统的响应进行仿真。lsim() 函数能绘制连续系统在指定的任意时间范围内系统响应的时域波形图，还能求出连续系统在指定的任意时间范围内系统响应的数值解。lsim() 函数有两种调用格式。

① lsim(b,a,x,t)

该调用格式，a 和 b 是描述系统的微分方程系数决定的表示该系统的两个行向量。x 和 t 则是表示输入信号的行向量，其中 t 为表示输入信号时间范围的向量，x 是输入信号在向量 t 定义的时间点上的采样值。

② y= lsim(b,a,x,t)

该调用格式与前面介绍的函数 impulse 和 step 一样，并不画出系统的零状态响应曲线，而是求出与向量 t 定义的时间范围相一致的系统状态响应的数值解。

六、思考题

1．impulse(b,a,t1:p:t2) 与 y=impulse(b,a,t1:p:t2) 或 step(b,a,t1:p:t2) 与 y=step(b,a,t1:p:t2)命令的结果有什么不同？

2．冲激响应和阶跃响应在连续系统中有什么作用？

实验五　连续时间周期信号的频域分析

一、实验目的

1. 掌握连续时间周期信号的傅里叶级数及 MATLAB 实现的方法。
2. 掌握连续时间信号的频谱分析及其 MATLAB 的实现方法。
3. 掌握用 MATLAB 实现典型周期脉冲的频谱分析方法。

二、实验任务

1. 周期矩形脉冲信号分解和综合的 MATLAB 实现。周期矩形脉冲信号如图 2-5-1 所示，试用 MATLAB 求出该信号的三角形式的傅里叶系数，并绘出各次谐波（阶数为 6）叠加的傅里叶综合波形图。

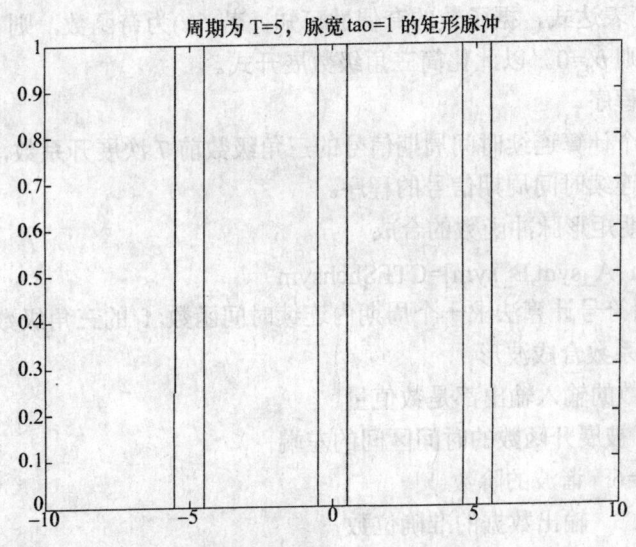

图 2-5-1　周期矩形脉冲函数

（1）实现流程

利用 MATLAB 实现其流程如下。

① 编写子函数 x=time_fun_x(t)，用符号表达式表示出周期信号在第一个周期内的符号表达式，并赋值给返回符号变量 x。

② 编写子函数 x=time_fun_e(t)，求出该周期信号在绘图区间内的信号样值，并赋值给返回符号变量 y。

③ 编写求解信号傅里叶系数及绘制合成波形图的通用函数 CTFShchsym.m，该函数的流程如下：

　　a．调用函数 time_fun_x(t)，获取周期信号的符号表达式。

　　b．求出信号的傅里叶系数。

　　c．求出各次谐波。

　　d．绘制各次谐波叠加波形图。

　　e．调用函数 time_fun_e(t)，绘制原信号波形图。

（2）MATLAB 算法提示及说明

① 采用符号积分 int 求 [0,T] 内时间函数的三角级数展开系数：$a_0=A_0$，$a_n=A_s$，$b_n=B_s$。

② 用循环语句 for…end 求出三角级数展开系数 a_n，b_n 的数值，分别为 A_sym，B_sym。

③ 用 disp() 语句输出三角级数展开系数 A_sym，B_sym。

④ 用傅里叶三角级数展开式合成（综合）连续时间信号。

⑤ 化简表达式，据函数的奇偶性可知，若 $f(t)$ 为奇函数，则 $a_n=0$，若 $f(t)$ 为偶函数，则 $b_n=0$。以此化简三角级数展开式。

（3）源程序

这是一个计算连续时间周期信号的三角级数前 7 次展开系数，再用这 7 次系数合成原连续时间周期信号的程序。

```
%  周期矩形脉冲函数的合成
function [A_sym,B_sym]=CTFShchsym
%  采用符号计算法求一个周期内连续时间函数 f 的三角级数展开系数,再用这些展开系数合成波形
%  函数的输入输出都是数值量
%  a    被展开函数的时间区间的左端
%  Nf=6   谐波的阶数
%  Nn     输出数据的准确位数
%  A_sym  第 1 元素是直流项,其后元素依次是 1,2,3,…次谐波 cos 项展开系数
%  B_sym  第 2,3,4,…元素依次是 1,2,3,…次谐波 sin 项展开系数
%  tao=1    tao/T=0.2
syms t   n    k    x
T=5;tao=0.2*T;a=0.5;
```

```
if nargin<4;Nf=6;end
if nargin<5;Nn=32;end
x=time_fun_x(t);              %调用符号变量写成的周期矩形脉冲
A0=int(x,t,-a,T-a)/T;          %求出三角函数展开系数 A0
As=int(2*x*cos(2*pi*n*t/T)/T,t,-a,T-a);   %求出三角函数展开系数 As
Bs=int(2*x*sin(2*pi*n*t/T)/T,t,-a,T-a);   %求出三角函数展开系数 Bs
A_sym(1)=double(vpa(A0,Nn));   %获取串数组 A0 所对应的 ASCII 码数值数组
for k=1:Nf
A_sym(k+1)=double(vpa(subs(As,n,k),Nn));   %获取串数组 A 所对应的 ASCII 码数值数组
B_sym(k+1)=double(vpa(subs(Bs,n,k),Nn));   %获取串数组 B 所对应的 ASCII 码数值数组
end
if nargout==0
c=A_sym;disp(c)         %输出 c 为三角级数展开系数：第 1 元素是直流项，其后元素依次是 1,2,3,...次谐波 cos 项展开系数
d=B_sym;disp(d)         %输出 d 为三角级数展开系数：第 2,3,4,...元素依次是 1,2,3,...次谐波 sin 项展开系数
t=–8*a:0.01:T-a;
f1=0.2/2+0.1871.*cos(2*pi*1*t/5)+0.*sin(2*pi*1*t/5);   % 基波
f2=0.1514.*cos(2*pi*2*t/5)+0.*sin(2*pi*2*t/5);   % 2 次谐波
f3=0.1009.*cos(2*pi*3*t/5)+0.*sin(2*pi*3*t/5);   % 3 次谐波
f4=0.0468.*cos(2*pi*4*t/5)+0.*sin(2*pi*4*t/5);   % 4 次谐波
f5=-0.0312.*cos(2*pi*6*t/5)+0.*sin(2*pi*6*t/5);   % 6 次谐波
f6=f1+f2;           % 基波+2 次谐波
f7=f6+f3;           % 基波+2 次谐波+3 次谐波
f8=f7+f4+f5;        % 基波+2 次谐波+3 次谐波+4 次谐波+6 次谐波
subplot(2,2,1)
plot(t,f1),hold on
y=time_fun_e(t)        %调用符号函数写成的连续时间函数—周期矩形脉冲
plot(t,y,'r:')
title('周期矩形波的形成—基波')
axis([–4,4.5,–0.1,1.1])
subplot(2,2,2)
```

```
plot(t,f6),hold on
y=time_fun_e(t)
plot(t,y,'r:')
title('周期矩形波的形成—基波+2 次谐波')
axis([-4,4.5,-0.1,1.1])
subplot(2,2,3)
plot(t,f7),hold on
y=time_fun_e(t)
plot(t,y,'r:')
title('周期矩形波的形成—基波+2 次谐波+3 次谐波')
axis([-4,4.5,-0.1,1.1])
subplot(2,2,4)
plot(t,f8),hold on
y=time_fun_e(t)
plot(t,y,'r:')
title('周期矩形波的形成—基波+2 次谐波+3 次谐波+4 次谐波+6 次谐波')
axis([-4,4.5,-0.1,1.1])
end
%------
function x=time_fun_x(t)
% 该函数是 CTFShchsym.m 的子函数。它由符号变量和表达式写成
h=1;
x1=sym('Heaviside(t+0.5)')*h;
x=x1-sym('Heaviside(t-0.5)')*h;
%------
function y=time_fun_e(t)
% 该函数是 CTFShchsym.m 的子函数，它形成周期矩形脉冲
a=0.5;T=5;h=1;tao=0.2*T;t= -8*a:0.01:T-a;
e1=1/2+1/2.*sign(t+tao/2);
e2=1/2+1/2.*sign(t-tao/2);
y=h.*(e1-e2);        %连续时间函数—周期矩形脉冲
```

调用程序，观察得到的结果，进行讨论。

波形如图 2-5-2 所示，得到的三角级数展开系数为：

A_sym=0.2000   0.3742   0.3027   0.2018   0.0935   0.0000   -0.0624

B_sym=0　0　0　0　0　0　0　0

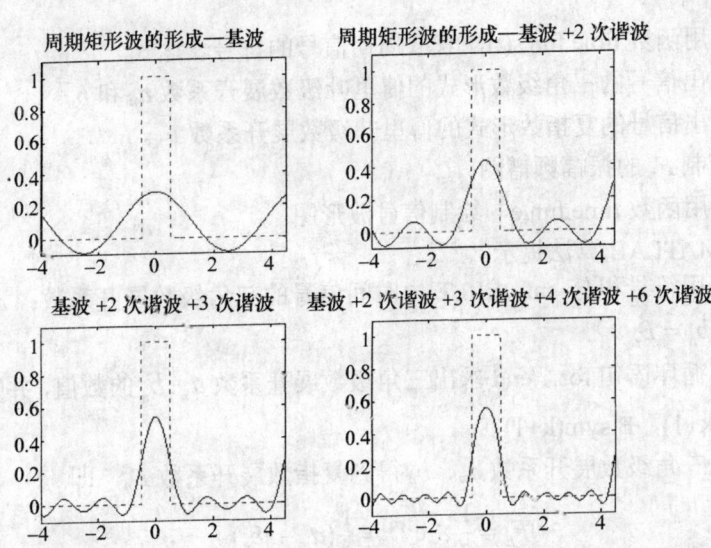

图 2-5-2　周期矩形脉冲的合成

2．试着将上述程序改变为通用的程序。用户只需编好子函数 time_fun_x(t) 和 time_fun_e(t)，就可实现各种连续时间周期信号的傅里叶级数的分解与综合。

3．试着用上面改好的通用程序实现周期三角波脉冲信号的傅里叶级数的分解与综合。周期 $T=4$，在第一个周期($-1<t<1$)内信号可表示为：$x(t)=1-|t|$。

4．试用 MATLAB 绘出图 2-5-1 所示的周期矩形脉冲信号的振幅频谱。

由于绘制频谱的前提是必须先求出周期信号的傅里叶系数，因此只需对实验任务 1 中给出的求周期信号傅里叶级数的函数 CTFShchsym.m 进行适当的修改，即可编写出绘制周期信号频谱的通用函数。

注意：由于周期信号的频谱是离散的，故在绘制频谱时，采用的是 stem 命令而不是 plot 命令，下面介绍实现上述过程的通用程序 CTFStpshsym.m。

（1）实现流程

采用三角形式傅里叶级数分解形式，求出傅里叶级数分解系数 a_n 和 b_n，再求出傅里叶复指数系数 F_n，并画出 F_n 的振幅频谱。谐波的阶数 Nf 任意指定，选择 Nf=60。

① 编写子函数 y=time_fun_s(t)，用符号表达式表示周期信号在第一个周期内的符号表达式，并赋值给返回符号变量 y。

② 编写子函数 x=time_fun_e，求出该周期信号在绘图区间内的信号样值，并赋值给返回变量 x。

③ 编写求解信号傅里叶复指数系数 F_n 及绘制频谱图的通用函数，该函数的流程如下。

a. 调用函数 time_fun_s(t)，获取周期信号的符号表达式。

b. 求出信号的三角级数形式的傅里叶级数展开系数 a_n 和 b_n。

c. 求出信号的复指数形式的傅里叶级数展开系数 F_n。

d. 绘制 F_n 的振幅频谱图。

e. 调用函数 time_fun_e，绘制信号波形图。

（2）MATLAB 算法提示

① 采用符号积分 int 求[0,T]内时间信号的三角级数展开系数：$a_0 = A_0$，$a_n = A_s$，$b_n = B_s$。

② 用循环语句 for…end 求出三角级数展开系数 a_n, b_n 的数值，并赋值给变量 A_sym(k+1)，B_sym(k+1)。

③ 从三角级数展开系数 a_n、b_n 得到复指数展开系数 F_n，即

$$F_n = \frac{1}{2} A_n e^{j\varphi_n} = \frac{1}{2}(a_n - jb_n)$$

$(n = 0, \pm1, \pm2, \pm3, \cdots)(n = 0, 1, 2, 3, \cdots)$

为了从 a_n 和 b_n 得到 F_n，需要用到 MATLAB 的反折函数 fliplr 来实现频谱的反折。

（3）源程序

编写函数文件 CTFStpshsym.m，如下所示。

[CTFStpshsym.m]

```
function [A_sym,B_sym]=CTFSshbpsym(T,Nf)
% 采用符号计算求[0,T]内时间函数的三角级数展开系数，并绘制其双边频谱
%        函数的输入输出都是数值量
%Nn      输出数据的准确位数
%A_sym   第 1 元素是直流项，其后元素依次是 1,2,3,…次谐波 cos 项展开系数
%B_sym   第 2,3,4,…元素依次是 1,2,3,…次谐波 sin 项展开系数
% T           T=m*tao，信号周期
% Nf          谐波的阶数
% m (m=T/tao)  周期与脉冲宽度之比，如 m=4,8,16,100 等
% tao         脉宽：tao=T/m
syms t n y
```

```
if nargin<3;Nf=input('pleas input 所需展开的最高谐波次数:Nf=');end
T=input('pleas input 信号的周期 T=');
if nargin<5;Nn=32;end
y=time_fun_s(t);
A0=2*int(y,t,0,T)/T;
As=int(2*y*cos(2*pi*n*t/T)/T,t,0,T);
Bs=int(2*y*sin(2*pi*n*t/T)/T,t,0,T);
A_sym(1)=double(vpa(A0,Nn));
for k=1:Nf
    A_sym(k+1)=double(vpa(subs(As,n,k),Nn));
    B_sym(k+1)=double(vpa(subs(Bs,n,k),Nn)); end
if nargout==0
    S1=fliplr(A_sym)            %对 A_sym 阵左右对称交换
    S1(1,k+1)=A_sym(1)          %A_sym 的 1*k 阵扩展为 1*(k+1)阵
    S2=fliplr(1/2*S1)           %对扩展后的 S1 阵左右对称交换回原位置
    S3=fliplr(1/2*B_sym)        %对 B_sym 阵左右对称交换
    S3(1,k+1)=0                 %B_sym 的 1*k 阵扩展为 1*(k+1)阵
    S4=fliplr(S3)               %对扩展后的 S3 阵左右对称交换回原位置
    S5=S2–i*S4;                 % 用三角函数展开系数 A、B 值合成傅里叶指数系数
    S6=fliplr(S5);
    N=Nf*2*pi/T;
    k2= –N:2*pi/T:N;
    S7=[S6,S5(2:end)];          %形成–N:N 的傅里叶复指数对称系数
    subplot(3,3,3)
    x=time_fun_e(t)             % 调用连续时间函数-周期矩形脉冲
    subplot(3,1,3)
    stem(k2,abs(S7));           %画出周期矩形脉冲的频谱（T=M*tao）
    title('连续时间函数周期矩形脉冲的双边幅度谱')
    axis([–80,80,0,0.12])
    line([–80,80],[0,0])
    line([0,0],[0,0.12])
end
%---
function y=time_fun_s(t)
```

% 该函数是 CTFSshbpsym.m 的子函数，它由符号变量和表达式写成
syms a a1
T=input('pleas input 信号的周期 T=');
M=input('周期与脉冲宽度之比 M=');
A=1;tao=T/M;a=tao/2;
y1=sym('Heaviside(t+a1)')*A;
y=y1–sym('Heaviside(t–a1)')*A;
y=subs(y,a1,a);
y=simple(y);
%---
function x=time_fun_e(t)
% 该函数是 CTFSshbpsym.m 的子函数，它形成周期矩形脉冲
%   t   是时间数组
%   T   是周期   duty=tao/T=0.2
T=5;t= –2*T:0.01:2*T;tao=T/5;
x=rectpuls(t,1);   %产生一个宽度 tao=1 的矩形脉冲
subplot3,2,3)
plot(t,x)
hold on
x=rectpuls(t–5,1);   %产生一个宽度 tao=1 的矩形脉冲，中心位置在 t=5 处
plot(t,x)
hold on
x=rectpuls(t+5,1); %产生一个宽度 tao=1 的矩形脉冲，中心位置在 t= –5 处
plot(t,x)
title('周期为 T=5，脉宽 tao=1 的矩形脉冲')
axis([–10,10,0,1.2])

5．试着修改上述绘制周期矩形脉冲双边频谱的函数文件[CTFStpshsym.m]，将其改为绘制周期信号矩形脉冲单边频谱的函数文件。

6．试着用上面改好的通用程序实现周期三角波脉冲信号的频谱。

三、实验器材

计算机，软件 MATLAB5.3 及以上版本。

四、预习要求

1．读懂以上所给的两个程序。

2. 按要求编写实验任务中其他题目的程序。

五、实验参考原理

周期信号是定义在$(-\infty,+\infty)$区间,按一定时间间隔(周期 T)不断重复的信号。它可表示为:$f(t)=f(t+mT)$,式中 m 为任意整数,T 为周期,周期的倒数称为该信号的频率。

1. 连续时间周期信号的分解

设有周期信号 $f(t)$,它的周期为 T,角频率 $\Omega=2\pi f=2\pi/T$,且满足狄里赫利条件,则该周期信号可以展开成傅里叶级数,即可表示为一系列不同频率的正弦或复指数信号之和。傅里叶级数有三角形式和指数形式两种。

(1)三角形式的傅里叶级数

三角形式的傅里叶级数为

$$\begin{aligned} f(t) &= \frac{a_0}{2}+a_1\cos(\Omega t)+a_2\cos(2\Omega t)+\cdots+b_1\sin(\Omega t)+b_2\sin(2\Omega t)+\cdots \\ &= \frac{a_0}{2}+\sum_{n=1}^{\infty}a_n\cos(n\Omega t)+\sum_{n=1}^{\infty}b_n\sin(n\Omega t) \\ &= \frac{A_0}{2}+\sum_{n=1}^{\infty}A_n\cos(n\Omega t+\varphi_n) \qquad (n=1,2,3,\cdots) \end{aligned} \qquad (2\text{-}5\text{-}1)$$

式中,系数 a_n、b_n、A_n 称为傅里叶系数,可由下式求得:

$$a_0=\frac{1}{T}\int_{-\frac{T}{2}}^{\frac{T}{2}}f(t)\mathrm{d}t$$

$$a_n=\frac{2}{T}\int_{-\frac{T}{2}}^{\frac{T}{2}}f(t)\cos(n\Omega t)\mathrm{d}t$$

$$b_n=\frac{2}{T}\int_{-\frac{T}{2}}^{\frac{T}{2}}f(t)\sin(n\Omega t)\mathrm{d}t$$

$$A_0=a_0,\ A_n=\sqrt{a_n^2+b_n^2},\ \varphi_n=-\arctan\frac{b_n}{a_n}$$

$$a_n=A_n\cos\varphi_n,\ b_n=-A_n\sin\varphi_n$$

由上面的式子可见,傅里叶级数 a_n,b_n 都是 n 或 $(n\Omega)$ 的函数,其中 a_n 是 n 或 $(n\Omega)$ 的偶函数,即有 $a_{-n}=a_n$;而 b_n 是 n 或 $(n\Omega)$ 的奇函数,即有 $b_{-n}=-b_n$。A_n 是 n 或 $(n\Omega)$ 的偶函数,即有 $A_n=A_{-n}$;而 φ_n 是 n 或 $(n\Omega)$ 的奇函数,即有 $\varphi_n=-\varphi_{-n}$。

任何满足狄里赫利条件的周期信号可分解为一系列不同频率的余弦(或正弦)分量的叠加,其中第一项 $A_0/2$ 是常数项,它是周期信号中所包含的直流分量;第二项 $A_1\cos(\Omega t+\varphi_1)$ 称为基波或一次谐波,它的角频率与原周期信号相同,

A_1 是基波振幅，φ_1 是基波初相角；第三项 $A_2\cos(\Omega t+\varphi_2)$ 称为二次谐波，它的频率是基波频率的二倍，A_2 是二次谐波振幅，φ_2 是其初相角；依此类推，还有三次、四次等谐波。一般而言，$A_n\cos(\Omega t+\varphi_n)$ 称为 n 次谐波，A_n 是 n 次谐波振幅，φ_n 是其初相角。上面的式子表明，周期信号可以分解为各次谐波分量的叠加。

（2）指数形式的傅里叶级数

指数形式的傅里叶级数表达式为

$$f(t)=\sum_{n=-\infty}^{\infty}F_n\mathrm{e}^{jn\Omega t} \qquad n=0,\pm1,\pm2,\pm3,\cdots \qquad (2\text{-}5\text{-}2)$$

即周期信号可分解为一系列不同频率的虚指数信号之和，式中 F_n 称为傅里叶复系数，可由下式求得：

$$F_n=\frac{1}{T}\int_{-\frac{T}{2}}^{\frac{T}{2}}F(t)\mathrm{e}^{-jn\Omega t}\mathrm{d}t \qquad (2\text{-}5\text{-}3)$$

（3）三角形式和指数形式傅里叶级数及各系数间的关系

傅里叶级数的三角形式和指数形式是等价的，其系数可互相转换。

$$F_n=|F_n|\mathrm{e}^{j\varphi_n},\ F_n=\frac{1}{2}A_n\mathrm{e}^{j\varphi_n}=\frac{1}{2}(a_n-jb_n),\ A_n=2|F_n|$$

$|F_n|=\dfrac{1}{2}A_n=\dfrac{1}{2}\sqrt{a_n^2+b_n^2}$ 　是 n 的偶函数

$a_n=A_n\cos\varphi_n=F_n+F_{-n}$ 　是 n 的偶函数

$b_n=-A_n\sin\varphi_n=j(F_n+F_{-n})$ 　是 n 的奇函数

$\varphi_n=-\arctan\dfrac{b_n}{a_n}$ 　是 n 的奇函数

2. 连续时间周期信号的傅里叶综合

任何满足狄里赫利条件的周期信号，可以表示成三角形式和指数形式傅里叶级数的和式形式，将三角形式和指数形式傅里叶级数的和式形式称为 CTFS 综合公式。

一般来说，傅里叶系数有无限个非零值，即任何具有有限个间断点的周期信号都一定有一个无限项非零系数的傅里叶级数表示。但对数值计算来说，这是无法实现的。在实际的应用中，可以用有限项的傅里叶级数求和来逼近，即对有限项求和

$$f(t)=\sum_{n=-N}^{N}F_n\mathrm{e}^{jn\Omega t}=\frac{a_0}{2}+\sum_{n=1}^{N}a_n\cos(n\Omega t)+\sum_{n=1}^{N}b_n\sin(n\Omega t) \qquad (2\text{-}5\text{-}4)$$

当 N 值取得较大时，上式就是原周期信号 $f(t)$ 的一个很好的近似。上式常

称为$f(t)$的截断傅里叶级数表示。

MATLAB 的符号积分函数 int()可以帮助我们求出连续时间周期信号的截断傅里叶级数及傅里叶表示。

求积分指令 int 的具体格式如下：

int f=int(f,v)：给出符号表达式f对指定变量v的不定积分。

int f=int(f,v,a,b)：给出符号表达式f对指定变量v的定积分。

3．连续时间周期信号的频谱分析

如前所述，周期信号可以分解成一系列正弦（余弦）信号或虚指数信号之和，即

$$f(t) = \sum_{n=-\infty}^{\infty} F_n e^{jn\omega t} = \frac{a_0}{2} + \sum_{n=1}^{\infty} a_n \cos(n\Omega t) + \sum_{n=1}^{\infty} b_n \sin(n\Omega t)$$

其中，$F_n = \frac{1}{2} A_n e^{j\varphi_n} = \frac{1}{2}(a_n - jb_n)$，或

$$|F_n| = \frac{1}{2} A_n = \frac{1}{2}\sqrt{a_n^2 + b_n^2} \quad （幅度）$$

$$\varphi_n = -\arctan\frac{b_n}{a_n} \quad （相位）$$

为了直观地表示出信号所含各分量的振幅A_n或$|F_n|$随频率的变化情况，通常以角频率为横坐标，以各次谐波的振幅A_n或虚指数函数$|F_n|$的幅度为纵坐标画出各次谐波的振幅A_n或虚指数函数$|F_n|$与角频率的关系图，称为周期信号的幅度（振幅）频谱，简称幅度谱。

类似地，也可画出各谐波初相角φ_n与角频率的关系图，称为相位频谱，简称相位谱。如果F_n为实数，那么可用F_n的正负来表示φ_n为 0 或π，也可把幅度谱和相位谱画在一张图上。

由此可见，周期信号频谱具有三个特点：离散性，即谱线是离散的；谐波性，即谱线只出现在基波频率的整数倍上；收敛性，即谐波的幅度随谐波次数的增高而减小。

MATLAB 的符号积分函数 int()、一维数组的寻访概念和 fliplr()可以帮助我们求出连续时间周期信号的频谱（傅里叶级数分析法）。

六、思考题

1．由连续时间周期信号的傅里叶分解和合成，可以得到关于合成波与原波形的什么样的结论？并解释吉布斯现象。

2．周期信号的脉冲宽度与频谱是什么关系？周期信号的周期与频谱是什么关系？

实验六 连续时间信号的频域分析

一、实验目的

1. 掌握傅里叶变换及 MATLAB 实现的方法。
2. 掌握连续时间信号傅里叶变换的数值计算方法。
3. 掌握用 MATLAB 实现信号的幅度调制的方法。
4. 掌握用 MATLAB 实现傅里叶变换的方法。

二、实验任务

1. 求 $f(t) = e^{-3|t|}$ 的傅里叶变换。

2. 求 $F(j\omega) = \dfrac{1}{1+\omega^2}$ 的傅里叶逆变换。

3. 设 $f(t) = \dfrac{1}{3} e^{-2t} u(t)$,试画出 $f(t)$ 及其幅频图。

4. 已知门信号 $f(t) = g_2(t) = \begin{cases} 1(|t|<1) \\ 0(|t|>1) \end{cases}$,求其傅里叶变换。

5. 设信号 $f(t) = \sin(100\pi t)$,载波为频率 600Hz 的余弦信号。试用 MATLAB 实现调幅信号 $y(t)$,并观察 $f(t)$ 的频谱和 $y(t)$ 的频谱,以及两者在频域上的关系。

6. 设 $f(t) = u(t+2) - u(t-2), f_1(t) = f(t)\cos(10\pi t)$,试用 MATLAB 画出 $f(t)$、$f_1(t)$ 的时域波形及其频谱,并观察傅里叶变换的频移特性。

7. 用 MATLAB 实现傅里叶变换的性质。

(1) 设 $f(t) = u(t+1) - u(t-1) = g_2(t)$,即门宽为 $\tau = 2$ 的门信号,求 $y(t) = u(2t+1) - u(2t-1) = g_1(t)$ 的频谱 $Y(j\omega)$,并与 $f(t)$ 的频谱 $F(j\omega)$ 进行比较。

(2) 设 $f(t) = \dfrac{1}{2} e^{-2t} u(t)$,绘出 $f(t)$ 及其频谱(幅度谱和相位谱)。

(3) 设 $f(t) = u(t+1) - u(t-1)$,试绘出 $f_1(t) = f(t) e^{-j20t}$ 及 $f_2(t) = f(t) e^{j20t}$ 的频谱 $F_1(j\omega)$ 及 $F_2(j\omega)$,并与 $f(t)$ 的频谱 $F(j\omega)$ 进行比较。

(4) 设 $f(t) = u(t+3) - u(t-3)$,$y(t) = f(t) * f(t)$,试给出 $f(t)$、$y(t)$、$F(j\omega)$、$F(j\omega) \cdot F(j\omega)$ 及 $Y(j\omega)$ 的图形,并验证时域卷积定理。

（5）设 $f(t)=\text{Sa}(t)$，已知信号 $f(t)$ 的傅里叶变换为 $F(\text{j}\omega)=\pi g_2(\omega)=\pi[\varepsilon(\omega+1)-\varepsilon(\omega-1)]$，求 $f_1(t)=\pi g_2(t)$ 的傅里叶变换 $F_1(\text{j}\omega)$，并验证对称性。

（6）已知 $f(t)$ 的波形如图 2-6-1 所示，求 $f(t)$ 及 $f_1(t)=\dfrac{\text{d}f(t)}{\text{d}t}$ 的傅里叶变换 $F(\text{j}\omega)$ 及 $F_1(\text{j}\omega)$，并验证时域微分特性。

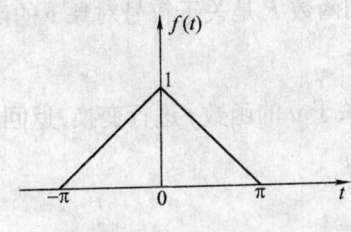

图 2-6-1 $f(t)$的波形

三、实验器材

计算机，软件 MATLAB5.3 及以上版本。

四、预习要求

1. 熟悉该实验所用到的原理。
2. 熟悉 MATLAB 有关函数的调用方式。
3. 按要求编写实验任务中所有题目的程序。

五、实验参考原理

1. 傅里叶变换

信号 $f(t)$ 的傅里叶变换定义为

$$F(\text{j}\omega)=\int_{-\infty}^{\infty}f(t)\text{e}^{-\text{j}\omega t}\text{d}t \tag{2-6-1}$$

值得注意的是，$f(t)$ 的傅里叶变换存在的充分条件是 $f(t)$ 在无限区间内绝对值可积，即 $f(t)$ 满足下式：

$$\int_{-\infty}^{\infty}|f(t)|\text{d}t<\infty \tag{2-6-2}$$

但上式并非 $f(t)$ 存在的必要条件。当引入 $f(t)$ 的广义函数概念后，使一些不满足绝对可积的 $f(t)$ 也能进行傅里叶变换。

傅里叶逆变换的定义为

$$f(t)=\int_{-\infty}^{\infty}F(\text{j}\omega)\text{e}^{\text{j}\omega t}\text{d}\omega \tag{2-6-3}$$

MATLAB 的 Symbolic Math Toolbox 提供了能直接求解傅里叶变换及傅里叶逆变换的函数 fourier()及 ifourier()。两者的调用格式如下。

（1）Fourier 变换

① F=fourier(f)是符号函数 f 的 Fourier 变换，默认返回是关于 ω 的函数。如果 $f=f(\omega)$，则 fourier()函数返回关于 t 的函数。

② F=fourier(f,v)返回函数 F 是关于符号对象 v 的函数，而不是默认的 ω，即：$F(v)=\int_{-\infty}^{\infty}f(x)\mathrm{e}^{-jvx}\mathrm{d}x$

③F=fourier(f,u,v)对关于 u 的函数 f 进行变换，返回函数 F 是关于 v 的函数，即：$F(v)=\int_{-\infty}^{\infty}f(u)\mathrm{e}^{-jvu}\mathrm{d}u$

（2）Fourier 逆变换

① f=ifourier(F)是 F 的 Fourier 逆变换，默认的独立变量为 ω，默认返回是关于 x 的函数。如果 $F=F(x)$，则 ifourier()函数返回关于 t 的函数。

② f=iourier(F,u)返回函数 f 是 u 的函数，而不是默认的 x 的函数。

③ f=ifourier(F,v,u)对关于 v 的函数 F 进行变换，返回函数 f 是关于 u 的函数。

注意：在调用函数 fourier()及 ifourier()之前，要用 syms 命令对所用到的变量（如 t、u、v、ω）等进行说明，即要将这些变量说明为符号变量。对 fourier()中的函数 f 及 ifourier()的函数 F，也要用符号定义符 sym 将 f 及 F 说明为符号表达式；若 f 及 F 是 MATLAB 中的通用函数表达式，则不必用 sym 加以说明。

2. 连续时间信号傅里叶变换的数值计算

严格说来，若不使用 symbolic 工具箱，是不能分析连续信号的。为了能更好地体会 MATLAB 的数值计算功能，特别是其强大的矩阵运算能力，这里给出连续信号傅里叶变换的数值计算方法。先给出算法的理论依据如下。

$$F(j\omega)=\int_{-\infty}^{\infty}f(t)\mathrm{e}^{-j\omega t}\mathrm{d}t=\lim_{\tau\to 0}\sum_{n=-\infty}^{n=\infty}f(n\tau)\mathrm{e}^{-j\omega n\tau}\tau \qquad (2\text{-}6\text{-}4)$$

对于一大类信号，当取 τ 足够小时，上式的近似情况可以满足实际需要。若信号 $f(t)$ 是时限的，或当 $|t|$ 大于某个给定值时，$f(t)$ 的值已衰减得很厉害，可以近似地看成时限信号，则上式中的 n 取值就是有限的，设为 N，有

$$F(k)=\tau\sum_{n=0}^{N-1}f(n\tau)\mathrm{e}^{-j\omega_k n\tau}\ (0\leqslant k\leqslant N) \qquad (2\text{-}6\text{-}5)$$

式（2-6-5）是对式（2-6-4）中的频率 ω 进行采样，通常

$$\omega_k=\frac{2\pi}{N\tau}k \qquad (2\text{-}6\text{-}6)$$

采用 MATLAB 实现式（2-6-5）时，其要点是要正确生成 $f(t)$ 的 N 个样本 $f(n\tau)$ 的向量 f 及向量 $\mathrm{e}^{-\mathrm{j}\omega_k n\tau}$，两向量的内积（即两矩阵的乘积）结果即完成式（2-6-5）的计算。

此外，还要注意时间采样间隔 τ 的确定。其依据是 τ 需小于奈奎斯特采样间隔。如果对于某个信号 $f(t)$，它不是严格的带限信号，则可根据实际计算的精度要求来确定一个适当的频率 ω_0 为信号的带宽。

3．信号的幅度调制

设信号 $f(t)$ 的频谱为 $F(\mathrm{j}\omega)$，现将 $f(t)$ 乘以载波信号 $\cos(\omega_0 t)$，得到高频的已调信号 $y(t)$，即

$$y(t) = f(t)\cos(\omega_0 t) \tag{2-6-7}$$

$f(t)$ 称为调制信号。实现信号调制的原理图如图 2-6-2 所示。

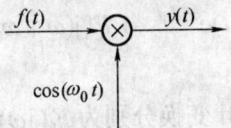

图 2-6-2　幅度调制原理图

从频域上看，已调制信号 $y(t)$ 的频谱为原调制信号 $f(t)$ 的频谱搬移到 $\pm\omega_0$ 处，幅度降为 $F(\mathrm{j}\omega)$ 的 1/2，即

$$f(t)\cos(\omega_0 t) \leftrightarrow \frac{1}{2}\{F[\mathrm{j}(\omega+\omega_0)] + F[\mathrm{j}(\omega-\omega_0)]\} \tag{2-6-8}$$

上式为调制定理，也是傅里叶变换性质中"频移特性"的一种特别情形。

注意：这里采用的调制方法为抑制载波方式，即 $y(t)$ 的频谱中不包含有 $\cos(\omega_0 t)$ 的频率分量。

MATLAB 提供了专门的函数 modulate()用于实现信号的调制。调用格式为

y=modulate(x,Fc,Fs,'method')

[y,t]=modulate(x,Fc,Fs)

其中，x 为被调信号，F_c 为载波频率，F_s 为信号 x 的采样频率，method 为所采用的调制方式，若采用幅度调制、双边带调制，则'method'为'am'或'amdsd-sc'。其执行算法为

y=x*cos(2*pi*Fc*t)

其中 y 为已调制信号，t 为函数计算时间间隔向量。

4．傅里叶变换的性质

傅里叶变换的性质包括线性、奇偶性、对称性、尺度变换、卷积定理（频

域及时域)、微分性(频域及时域)、积分性(频域及时域)等。在这里要掌握以下特性。

(1) 尺度变换特性

若 $f(t) \leftrightarrow F(j\omega)$,则傅里叶变换的尺度特性为

$$f(at) \leftrightarrow \frac{1}{|a|} F(j\frac{\omega}{a}), \quad (a \neq 0)$$

(2) 时移特性

若 $f(t) \leftrightarrow F(j\omega)$,则傅里叶变换的时移特性为

$$f(t \pm t_0) \leftrightarrow f(j\omega) e^{\pm j\omega t_0}$$

(3) 频移特性

若 $f(t) \leftrightarrow F(j\omega)$,则傅里叶变换的频移特性为

$$f(t) e^{\pm j\omega_0 t} \leftrightarrow F[j(\omega \mp \omega_0)]$$

(4) 时域卷积定理

若信号 $f_1(t), f_2(t)$ 的傅里叶变换分别为 $F_1(j\omega), F_2(j\omega)$,则

$$f_1(t) * f_2(t) \leftrightarrow F_1(j\omega) \cdot F_2(j\omega)$$

(5) 对称性

若 $f(t) \leftrightarrow F(j\omega)$,则傅里叶变换的对称特性为

$$F(jt) \leftrightarrow 2\pi f(-\omega)$$

(6) 微分特性

若 $f(t) \leftrightarrow F(j\omega)$,则傅里叶变换的时域微分特性为

$$\frac{df^n(t)}{dt^n} \leftrightarrow (j\omega)^n F(j\omega)$$

六、思考题

1. 在你的工作目录下的 Heaviside.m 文件是干什么的?在该文件中 t 的范围如何定义?

2. 如何创建符号表达式?

3. 函数 modulate() 中的 'method' 如何设置为幅度、双边带且抑制载波调制方式?

实验七　连续系统的频域分析及连续信号的采样与重构

一、实验目的

1. 掌握用 MATLAB 分析连续系统的频率特性的方法。
2. 掌握用 MATLAB 实现连续信号的采样及重构的方法。

二、实验任务

1. 理想低通滤波器在物理上是不可实现的，但传输特性近似于理想特性的电路却能找到。图 2-7-1 所示是常见的用 RLC 元件构成的二阶低通滤波器，该电路的频率响应 $H(j\omega)$ 为

$$H(j\omega) = \frac{U_R(j\omega)}{U_S(j\omega)} = \frac{1}{1-\omega^2 LC + j\omega\dfrac{L}{R}}$$

设 $R = \sqrt{\dfrac{L}{2C}}, L=0.8\text{H}, C=0.1\text{F}, R=2\Omega$，试用 MATLAB 的 freqs() 函数绘出该频率响应。

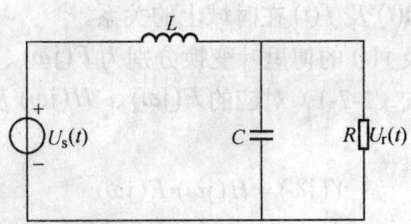

图 2-7-1　RLC 二阶低通滤波器

2. 当采样频率 $\omega_s = 2\omega_m$ 时，称为临界采样，取 $\omega_c = \omega_m$。试用 MATLAB 实现对 Sa(t) 的采样及由该采样信号恢复 Sa(t)。

3. 设 $f(t) = \text{Sa}(t) = \dfrac{\sin t}{t}$，其 $F(j\omega)$ 为：$H(j\omega) = \begin{cases} T_s, |\omega|<1 \\ 0, |\omega|>1 \end{cases}$，即 $f(t)$ 的带

宽 $\omega_m = 1$，为了由 $f(t)$ 的采样信号 $f_s(t)$ 不失真地重构 $f(t)$，由时域采样定理知采样间隔 $T_s < \dfrac{\pi}{\omega_m} = \pi$，取 $T_s = 0.7\pi$（过采样）。利用 MATLAB 中的采样函数 $\text{Sinc}(t) = \dfrac{\sin(\pi t)}{\pi t}$ 来表示 $\text{Sa}(t)$，$\text{Sa}(t) = \text{Sinc}(\dfrac{t}{\pi})$。据此由式（2-7-10）可知：

$$f(t) = \frac{T_s \omega_c}{\pi} \sum_{n=-\infty}^{\infty} f(nT_s) \sin c[\frac{\omega_c}{\pi}(t - nT_s)]$$

为了比较由采样信号恢复后的信号与原信号的误差，计算两信号的绝对误差。

三、实验器材

计算机，软件 MATLAB5.3 及以上版本。

四、预习要求

1．熟悉该实验所用到的原理。
2．熟悉 MATLAB 有关函数的调用方式。
3．按要求编写实验任务中所有题目的程序。

五、实验参考原理

1．系统的频率响应

设线性时不变（LTI）系统的冲激响应为 $h(t)$，该系统的输入（激励）信号为 $f(t)$，则此系统的零状态输出（响应）$y(t)$ 为

$$y(t) = h(t) * f(t) \tag{2-7-1}$$

式（2-7-1）是 $y(t)$、$h(t)$ 及 $f(t)$ 在时域上的关系。

又设 $f(t)$、$h(t)$ 及 $y(t)$ 的傅里叶变换分别为 $F(j\omega)$、$H(j\omega)$ 及 $Y(j\omega)$，根据时域卷积定理，与式（2-7-1）对应的 $F(j\omega)$、$H(j\omega)$ 及 $Y(j\omega)$ 在频域上的关系为

$$Y(j\omega) = H(j\omega) \cdot F(j\omega) \tag{2-7-2}$$

式（2-7-1）和式（2-7-2）的原理框图如图 2-7-2 所示。

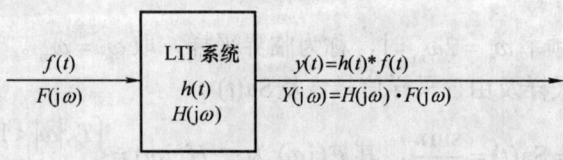

图 2-7-2　LTI 系统的时域及频域分析图

一般地，连续系统的频率响应定义为系统的零状态响应 $y(t)$ 的傅里叶变换 $Y(j\omega)$ 与输入信号 $f(t)$ 的傅里叶变换 $F(j\omega)$ 之比，即

$$H(j\omega) = \frac{Y(j\omega)}{F(j\omega)} \qquad (2\text{-}7\text{-}3)$$

通常，$H(j\omega)$ 是 ω 的复函数，因此，又将其写为

$$H(j\omega) = |H(j\omega)| e^{j\varphi(\omega)} \qquad (2\text{-}7\text{-}4)$$

如果令 $Y(j\omega) = |Y(j\omega)| e^{j\varphi_y(\omega)}$，$F(j\omega) = |F(j\omega)| e^{j\varphi_f(\omega)}$，则有

$$|H(j\omega)| = \frac{|Y(j\omega)|}{|F(j\omega)|}, \varphi(\omega) = \varphi_y(\omega) - \varphi_f(\omega) \qquad (2\text{-}7\text{-}5)$$

称 $|H(j\omega)|$ 为系统的幅频响应，$\varphi(\omega)$ 为系统的相频响应。

注意：$H(j\omega)$ 是系统的固有属性，它与激励信号 $f(t)$ 的具体形式无关。求系统的 $H(j\omega)$，当然可以按照式（2-7-3）的定义求，但在工程实际中往往是给出具体的系统图（如具体的电路形式），通过电路分析的方法直接求出 $H(j\omega)$。

通常，$H(j\omega)$ 可表示成两个有理多项式 $B(j\omega)$ 与 $A(j\omega)$ 的商，即

$$H(j\omega) = \frac{B(j\omega)}{A(j\omega)} = \frac{b_1(j\omega)^m + b_2(j\omega)^{m-1} + \cdots + b_{m-1}(j\omega) + b_m}{a_1(j\omega)^n + a_2(j\omega)^{n-1} + \cdots + a_{n-1}(j\omega) + a_n} \qquad (2\text{-}7\text{-}6)$$

MATLAB 提供了专门对连续系统频率响应 $H(j\omega)$ 进行分析的函数 freqs()。该函数可以求出系统频率响应的数值解，并可绘出系统的幅频及相频曲线。freqs()函数有以下四种调用格式。

（1）h= freqs(b,a,w)

该调用格式中，b 为对应于式（2-7-6）的向量$[b_1,b_2,\cdots,b_m]$，a 为对应于式（2-7-6）的向量$[a_1,a_2,\cdots,a_n]$，w 为形如 $w_1:p:w_2$ 的冒号运算定义的系统频率响应的频率范围，w_1 为频率起始值，w_2 为频率终止值，p 为频率采样间隔。向量 h 则返回在向量 w 所定义的频率点上系统频率响应的样值。

（2）[h,w]= freqs(b,a)

该调用格式将计算默认频率范围内 200 个频率点的系统频率响应的样值，并赋值给返回变量 h，200 个频率点记录在 w 中。

（3）[h,w]= freqs(b,a,n)

该调用格式将计算默认频率范围内 n 个频率点上系统频率响应的样值，并赋值给返回变量 h，n 个频率点记录在 w 中。

（4）freqs(b,a)

该调用格式并不返回系统频率响应的样值，而是以对数坐标的方式绘出系

统的幅频响应和相频响应曲线。

2. 信号的采样

信号采样的原理如图 2-7-3 所示。由图可知，$f_s(t) = f(t) \cdot \delta_{T_s}(t)$，其中，冲激采样信号 $\delta_{T_s}(t)$ 的表达式为

$$\delta_{T_s}(t) = \sum_{n=-\infty}^{\infty} \delta(t - nT_s) \qquad (2\text{-}7\text{-}7)$$

其傅里叶变换为 $\omega_s \sum_{n=-\infty}^{\infty} \delta(\omega - n\omega_s)$，其中 $\omega_s = \dfrac{2\pi}{T_s}$，设 $F(j\omega)$ 为 $f(t)$ 的傅里叶变换。

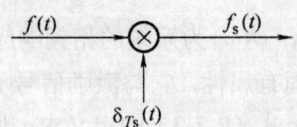

图 2-7-3　信号采样的原理图

设 $f_s(t)$ 的频谱为 $F_s(j\omega)$，由傅里叶变换的频域卷积定理，有

$$f_s(t) = f(t) \cdot \delta_{T_s}(t)$$

$$F_s(j\omega) = \frac{1}{2\pi} F(j\omega) * \omega_s \sum_{n=-\infty}^{\infty} \delta(\omega - n\omega_s) = \frac{1}{T_s} \sum_{n=-\infty}^{\infty} F[j(\omega - \omega_s)] \qquad (2\text{-}7\text{-}8)$$

若设 $f(t)$ 是带限信号，带宽为 ω_m，即当 $|\omega| > \omega_m$ 时，$f(t)$ 的频谱 $F(j\omega)$ 的值为 0，则由式（2-7-8）可知，$f(t)$ 经采样后的频谱 $F_s(j\omega)$ 就是将 $F(j\omega)$ 在频率轴上搬移至 $0, \pm\omega_s, \pm 2\omega_s, \cdots, \pm n\omega_s, \cdots$ 处。因此，当 $\omega_s \geq 2\omega_m$ 时，频谱不发生混叠；而当 $\omega_s \leq 2\omega_m$ 时，频谱发生混叠。

3. 信号的重构

设信号 $f(t)$ 被采样后所形成的采样信号为 $f_s(t)$，信号的重构是指由 $f_s(t)$ 经内插处理后，恢复出原来的信号 $f(t)$ 的过程，因此又称为信号恢复。

设 $f(t)$ 是带限信号，带宽为 ω，经采样后的频谱为 $F_s(j\omega)$。设采样频率为 $\omega_s \geq 2\omega_m$，则由式（2-7-8）知 $F_s(j\omega)$ 是以 ω_s 为周期的谱线。现选取一个频率特性为 $H(j\omega) = \begin{cases} T_s, & |\omega| < \omega_c \\ 0, & |\omega| > \omega_c \end{cases}$，（其中，截止频率 ω_c 满足 $\omega_m \leq \omega_c \leq \dfrac{\omega_s}{2}$）的理想低通滤波器与 $F_s(j\omega)$ 相乘，得到的频谱即为原信号的频谱 $F(j\omega)$。实现的原理如图 2-7-4 所示。

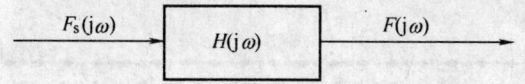

图 2-7-4　低通滤波器恢复原信号

通过以上分析，得到如下的时域采样定理。

一个带宽为 ω_m 带限信号 $f(t)$，可惟一地由它的均匀采样信号 $f_s(t) = f(nT_s)$ 确定，其中，采样间隔 $T_s < \dfrac{\pi}{\omega_m}$，该采样间隔又称为奈奎斯特间隔。下面求出由 $f(nT_s)$ 构成 $f(t)$ 的表达式。

根据时域卷积定理，有

$$f(t) = h(t) * f_s(t) \tag{2-7-9}$$

而

$$f_s(t) = f(t) \cdot \sum_{n=-\infty}^{\infty} \delta(t - nT_s) = \sum_{n=-\infty}^{\infty} f(nT_s)\delta(t - nT_s)$$

$$h(t) = \mathscr{F}^{-1}[H(j\omega)] = T_s \frac{\omega_c}{\pi} \operatorname{Sa}(\omega_c t)$$

其中 ω_c 为 $H(j\omega)$ 的截止角频率。将 $h(t)$ 及 $f_s(t)$ 代入式（2-7-9），得

$$f(t) = f_s(t) * T_s \frac{\omega_c}{\pi} \operatorname{Sa}(\omega_c t) = \frac{T_s \omega_c}{\pi} \sum_{n=-\infty}^{\infty} f(nT_s) \operatorname{Sa}[\omega_c(t - nT_s)] \tag{2-7-10}$$

式（2-7-10）即为用 $f(nT_s)$ 表达 $f(t)$ 的表达式。

六、思考题

1. 在信号采样时，为什么选取 $f(t) = \operatorname{Sa}(t)$ 作为被采样的信号呢？
2. 抽样函数 $\operatorname{Sa}(\omega_c t)$ 在信号的重构中起什么作用？

实验八　连续系统的复频域分析

一、实验目的

1. 掌握用 MATLAB 实现拉普拉斯变换、拉普拉斯逆变换及绘制其曲面图的方法。
2. 掌握用 MATLAB 绘制连续系统零极点的方法。
3. 掌握用 MATLAB 分析连续系统零极点的方法。
4. 掌握用 MATLAB 分析巴特沃思滤波器的方法。

二、实验任务

1. 已知连续时间信号 $f(t)=\sin(2t)u(t)$，求出该信号的拉普拉斯变换，并用 MATLAB 绘制拉普拉斯变换的曲面图。

2. 试利用 MATLAB 绘制信号 $f(t)=u(t)-u(t-2)$ 的拉普拉斯变换的曲面图，观察曲面图在虚轴剖面上的曲线，并将其与信号傅里叶变换 $F(j\omega)$ 绘制的振幅频谱进行比较。

3. 已知连续系统的系统函数如下所示，试用 MATLAB 绘出系统的零极点图。

（1）$F(s)=\dfrac{s^2-4}{s^4+s^3-3s^2+2s+3}$　　（2）$F(s)=\dfrac{s(s^2+4s+5)}{s^3+5s^2+16s+30}$

4. 已知某连续系统的系统函数为

$$H(s)=\dfrac{s^2+3s+2}{8s^4+2s^3+3s^2+s+4}$$

试用 MATLAB 求出该系统的零极点，画出零极点分布图，并判断系统是否稳定。

5. 已知连续系统的零极点分布如图 2-8-1 所示，试用 MATLAB 分析系统冲激响应 $h(t)$ 的时域特性。

6. 已知某二阶系统的零极点分别为 $p_1=-\alpha_1, p_2=-\alpha_2, q_1=q_2=0$（二重零点），试用 MATLAB 分别绘出该系统在下列三种情况时，系统在 0~1kHz 频率范围内的幅频响应曲线，说明该系统的作用，并分析极点位置对系统频率响应的影响。

实验八 连续系统的复频域分析

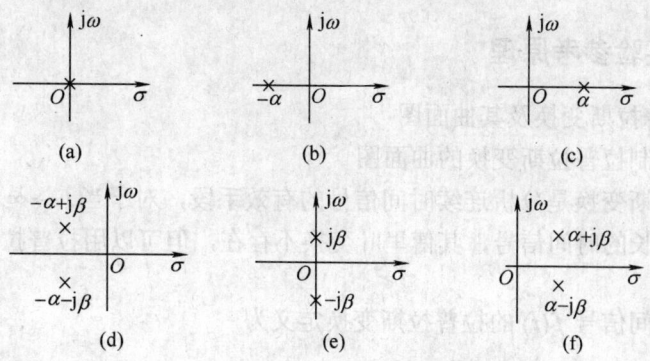

图 2-8-1 系统的零极点分布图

(1) $\alpha_1 = 100, \alpha_2 = 200$
(2) $\alpha_1 = 500, \alpha_2 = 1000$
(3) $\alpha_1 = 2000, \alpha_2 = 4000$

7. 利用 MATLAB 设计一个巴特沃思低通滤波器，具体设计指标为
① 系统截止频率 ω_c =1000Hz。
② 过渡带频率范围 Δf=50Hz。
③ 阻带最大增益 ε=0.03。

试用 MATLAB 确定满足上述设计指标巴特沃思低通滤波器的阶数 n，并绘出该滤波器的幅频响应曲线及零极点分布图。

8. 已知连续信号的拉普拉斯变换为

(1) $F(s) = \dfrac{s+3}{s^3 + 4s}$ (2) $F(s) = \dfrac{s^2 + 5s + 4}{s^3 + 5s^2 + 6s}$

试用 MATLAB 求其拉普拉斯逆变换 $f(t)$。

9. 已知某连续系统的系统函数为 $H(s) = \dfrac{s+4}{s^3 + 2s^2 + 2s}$，试用 MATLAB 求出该系统的冲激响应 $h(t)$，并绘出其时域波形图，判断系统的稳定性。

三、实验器材

计算机，软件 MATLAB5.3 及以上版本。

四、预习要求

1. 熟悉该实验所用到的原理。
2. 熟悉 MATLAB 有关的函数调用方式。
3. 按要求编写实验任务中所有题目的程序。

五、实验参考原理

1. 拉普拉斯变换及其曲面图

（1）绘制拉普拉斯变换的曲面图

拉普拉斯变换是分析连续时间信号的有效手段，对于当 $t \to \infty$ 时信号幅度不衰减或增长的时间信号，其傅里叶变换不存在，但可以用拉普拉斯变换来分析它们。

连续时间信号 $f(t)$ 的拉普拉斯变换定义为

$$F(s) = \int_{-\infty}^{\infty} f(t) e^{-st} dt \qquad (2\text{-}8\text{-}1)$$

其中 $s = \sigma + j\omega$，若以 σ 为横坐标（实轴），$j\omega$ 为纵坐标（虚轴），复变量 s 就构成了一个复平面，称为 s 平面。

显然，$F(s)$ 是复变量 s 的复函数，为了便于理解和分析 $F(s)$ 随 s 的变化规律，可以将 $F(s)$ 写成

$$F(s) = |F(s)| e^{j\varphi(s)} \qquad (2\text{-}8\text{-}2)$$

其中 $|F(s)|$ 为复信号 $F(s)$ 的模，而 $\varphi(s)$ 为 $F(s)$ 的相角。

从三维集合空间的角度来看，$|F(s)|$ 和 $\varphi(s)$ 对应着复平面上的两个曲面，如果能绘出它们的三维曲面图，就可以直观地分析连续信号的拉普拉斯变换 $F(s)$ 随复变量 s 的变化。

现在考虑如何用 MATLAB 来绘制 s 平面的有限区域上连续时间信号 $f(t)$ 的拉普拉斯变换 $F(s)$ 的曲面图，下面以单位阶跃信号 $u(t)$ 为例来说明实现过程。

我们知道，对单位阶跃信号 $f(t) = u(t)$，其拉普拉斯变换 $F(s) = \dfrac{1}{s}$。

首先，用两个向量来确定绘制曲面图的 s 平面的横、纵坐标的范围。例如，可以定义绘制曲面图的横坐标范围向量 x_1 和纵坐标范围向量 y_1 分别为

x1= –0.2:0.03:0.2;

y1= –0.2:0.03:0.2;

然后再调用前面介绍过的函数 meshgrid() 来产生矩阵 S，并用该矩阵来表示绘制曲面图的复平面区域，对应的 MATLAB 命令如下。

[x,y]= meshgrid(x1,y1);

s=x+i*y;

上述命令产生的矩阵 S 包含了复平面 $-0.2<\sigma<0.2$，$-0.2<j\omega<0.2$ 范围内以间隔 0.03 采样的所有样点。

最后再计算出信号拉普拉斯变换在复平面的这些样点上的值，即可用函数

mesh 绘出其曲面图，对应命令如下。
  fs=abs(1./s);   %计算拉普拉斯变换在复平面上的样点值
  mesh(x,y,fs);   %绘制拉普拉斯变换曲面图
  surf(x,y,fs);
  title('单位阶跃信号拉普拉斯变换曲面图');
  colormap(hsv);
  axis([–0.2,0.2,–0.2,0.2,0,60]);
  rotate3d;
  （2）由拉普拉斯变换的曲面图观察频域与复频域的关系
  我们知道，若信号 $f(t)$ 的傅里叶变换存在，则其拉普拉斯变换 $F(s)$ 存在如下关系。

$$F(\mathrm{j}\omega) = F(s)\big|_{s=\mathrm{j}\omega} \tag{2-8-3}$$

也即在信号 $f(t)$ 拉普拉斯变换 $F(s)$ 中令 $\sigma=0$，就可得到信号的傅里叶变换。从三维几何空间的角度来看，信号 $f(t)$ 的傅里叶变换 $F(\mathrm{j}\omega)$ 就是其拉普拉斯曲面图中虚轴（$\sigma=0$）所对应的曲线。可以通过将 $F(s)$ 曲面图在虚轴上进行剖面来直观地观察信号拉普拉斯变换与其傅里叶变换的对应关系。

  2．绘制连续系统零极点图
  线性时不变连续系统可以用如下所示的线性常系数微分方程来描述。

$$\sum_{i=0}^{N} a_i y^{(i)}(t) = \sum_{j=0}^{M} b_j f^{(j)}(t) \tag{2-8-4}$$

其中 $y(t)$ 为系统输出信号，$f(t)$ 为输入信号。将上式进行拉普拉斯变换，则该连续系统的系统函数为

$$H(s) = \frac{Y(s)}{F(s)} = \frac{\sum\limits_{j=0}^{M} b_j s^j}{\sum\limits_{i=0}^{N} a_i s^i} = \frac{B(s)}{A(s)} \tag{2-8-5}$$

其中 $A(s)$ 和 $B(s)$ 分别是由微分方程系数决定的关于 s 的多项式，将上式分解后有

$$H(s) = C \frac{\prod\limits_{j=1}^{M}(s-q_j)}{\prod\limits_{i=1}^{N}(s-p_i)} \tag{2-8-6}$$

其中 C 为常数，$q_j(j=1,2,\cdots,M)$ 为系统函数 $H(s)$ 的 M 个零点，$p_i(i=1,2,\cdots,N)$

为系统函数 $H(s)$ 的 N 个极点。

可见，若连续系统的系统函数的零、极点已知，系统函数便可确定下来，即系统函数 $H(s)$ 的零、极点的分布完全决定了系统的特性。

因此，在连续系统的分析中，系统函数的零、极点的分布具有非常重要的意义。通过对系统函数零极点的分析，可以分析连续系统以下几方面的特性。

① 系统冲激响应 $h(t)$ 的时域特性。

② 判断系统的稳定性。

③ 分析系统的频率特性 $H(j\omega)$（幅频响应和相频响应）。

通过系统函数零、极点的分布来分析系统特性，首先就要求出系统函数的零极点，然后绘制零极点图。下面介绍如何利用 MATLAB 实现这一过程。

设连续系统的系统函数为

$$H(s) = \frac{B(s)}{A(s)} \qquad (2\text{-}8\text{-}7)$$

则系统函数的零点和极点位置可以用 MATLAB 的多项式求根函数 roots() 来求得，调用函数 roots() 的命令格式为

p=roots(A)

其中 A 为待求根的关于 s 的多项式的系数构成的行向量，返回向量 p 则是包含该多项式所有根位置的列向量。例如多项式为

$$A(s) = s^2 + 3s + 4$$

则求该多项式根的 MATLAB 命令应为

A=[1 3 4];
p=roots(A)

运行结果为

p =
　　–1.5000 + 1.3229i
　　–1.5000 – 1.3229i

注意：系数向量 A 的元素一定要由多项式的最高幂次开始到常数项，缺项要用 0 补齐。例如若多项式为

$$A(s) = s^6 + 3s^4 + 2s^2 + s - 4$$

则表示该多项式的系数向量为

A=[1 0 3 0 2 1 –4]

用 roots() 函数求得系统函数 $H(s)$ 的零极点后，就可以用 plot 命令在复平面上绘制出系统函数的零极点图，方法是在零点位置标以符号"x"，而在极点位置标以"o"。下面是求连续系统的系统函数零极点并绘制其零极点图的

MATLAB 实用函数 sjdt()。

```
function [p,q]=sjdt(A,B)
%绘制连续系统零极点图程序
%A:系统函数分母多项式系数向量
%B:系统函数分子多项式系数向量
%p:函数返回的系统函数极点位置行向量
%q:函数返回的系统函数零点位置行向量
p=roots(A);                %求系统极点
q=roots(B);;               %求系统零点
p=p';                      %将极点列向量转置为行向量
q=q';                      %将零点列向量转置为行向量
x=max(abs([p q]));         %确定纵坐标范围
x=x+0.1;
y=x;                       %确定横坐标范围
clf
hold on
axis([-x x -y y]);         %确定坐标轴显示范围
axis('square')
plot([-x x],[0 0])         %画横坐标轴
plot([0 0],[-y y])         %画纵坐标轴
plot(real(p),imag(p),'x')  %画极点
plot(real(q),imag(q),'o')  %画零点
title('连续系统零极点图')    %标注标题
text(0.2,x-0.2,'虚轴')
text(y-0.2,0.2,'实轴')
```

3. 连续系统零极点分析

（1）零极点分布与系统稳定性

根据系统函数 $H(s)$ 的零极点分布来分析连续系统的稳定性是零极点分析的重要应用之一。稳定性是系统固有的性质，与激励信号无关，由于系统函数 $H(s)$ 包含了系统的所有固有特性，显然它也能反映出系统是否稳定。

对任意有界的激励信号 $f(t)$，若系统产生的零状态响应 $y(t)$ 也是有界的，则称该系统为稳定系统，否则，称为不稳定系统。

可以证明，上述系统稳定性的定义可以等效为下列条件。

① 时域条件：连续系统稳定的充要条件为 $\int_{-\infty}^{\infty}|h(t)|\mathrm{d}t<\infty$，即系统冲激响应绝对可积。

② 复频域条件：连续系统稳定的充要条件为系统函数 $H(s)$ 的所有极点均位于 s 平面的左半平面内。

系统稳定的时域条件和复频域条件是等价的。因此，我们只要考虑系统函数 $H(s)$ 的极点分布，就可以判断系统的稳定性。对于三阶以下的低价系统，可以利用求根公式方便地求出极点位置，从而判断系统的稳定性，但对于高阶系统，手工求解位置显得非常困难，要用 MATLAB 来实现。

（2）零极点分布与系统冲激响应时域特性

设连续系统的系统函数为 $H(s)$，冲激响应为 $h(t)$，则我们知道，$H(s)$ 与 $h(t)$ 是一对拉普拉斯变换对，即

$$H(s) = \int_{-\infty}^{\infty} h(t) \mathrm{e}^{-st} \mathrm{d}t \qquad (2\text{-}8\text{-}8)$$

显然，$H(s)$ 必然包含了 $h(t)$ 的本质特性。下面分析 $H(s)$ 是如何决定 $h(t)$ 的时域特性的。

对于集中参数的 LTI 连续系统，其系统函数可表示为关于 s 的两个多项式之比，即

$$H(s) = \frac{B(s)}{A(s)} = C \frac{\prod_{j=1}^{M}(s-q_j)}{\prod_{i=1}^{N}(s-p_i)} \qquad (2\text{-}8\text{-}9)$$

其中 $q_j (j=1,2,\cdots,M)$ 为系统函数 $H(s)$ 的 M 个零点，$p_i (i=1,2,\cdots,N)$ 为系统函数 $H(s)$ 的 N 个极点。

若系统函数的 N 个极点是单极点，则可将 $H(s)$ 进行部分分式展开为

$$H(s) = \sum_{i}^{N} \frac{k_i}{s-p_i} \qquad (2\text{-}8\text{-}10)$$

由此可以看出，系统冲激响应为 $h(t)$ 的时域特性完全由系统函数为 $H(s)$ 的极点位置所决定。$H(s)$ 的每一个极点决定 $h(t)$ 的一项时间函数。显然 $H(s)$ 的极点位置不同，则 $h(t)$ 的时域特性完全不同。可以利用绘制连续系统冲激响应曲线的 MATLAB 函数 impulse()，将系统冲激响应 $h(t)$ 的时域波形绘制出来。

（3）由连续系统零极点分布分析系统的频率特性

由前面的分析可知，连续系统的零极点分布完全决定了系统的系统函数 $H(s)$，显然，系统的零极点分布也必然包含了系统的频率特性。

下面介绍如何通过系统的零极点分布来直接求出系统的频率响应 $H(\mathrm{j}\omega)$ 的方法——几何矢量法，以及用 MATLAB 实现的过程。

几何矢量法是通过系统函数零极点分布来分析连续系统的频率响应

实验八 连续系统的复频域分析

$H(j\omega)$ 的一种直观而又简便的方法。该方法将系统函数的零极点视为 s 平面上的矢量,通过对这些矢量(零极点)的模和相角的分析,即可快速确定出系统的幅频响应和相频响应。其基本原理如下。

设某连续系统的系统函数为

$$H(s) = \frac{B(s)}{A(s)} = C \frac{\prod_{j=1}^{M}(s-q_j)}{\prod_{i=1}^{N}(s-p_i)} \quad (2\text{-}8\text{-}11)$$

其中 $q_j(j=1,2,\cdots,M)$ 为系统函数 $H(s)$ 的 M 个零点, $p_i(i=1,2,\cdots,N)$ 为系统函数 $H(s)$ 的 N 个极点。则系统的频率响应为

$$H(j\omega) = H(s)\big|_{s=j\omega} = \frac{\prod_{j=1}^{M}(j\omega-q_j)}{\prod_{i=1}^{N}(j\omega-p_i)} \quad (2\text{-}8\text{-}12)$$

现在从几何矢量空间的角度来分析 s 平面,即将 s 平面的任一点看成是从原点到该点的矢量,则 $j\omega$ 即是从 s 平面原点到虚轴上角频率为 ω 的点的矢量。同理, $q_j(j=1,2,\cdots,M)$ 和 $p_i(i=1,2,\cdots,N)$ 即是原点到系统函数各零点和极点的矢量。

现考虑矢量 $j\omega - q_j$,由矢量运算可知,它实际上就是零点 q_j 到虚轴上角频率为 ω 的点的矢量,如图 2-8-2 所示。而矢量 $j\omega - p_i$ 就是极点 p_i 到虚轴上角频率为 ω 的点的矢量。

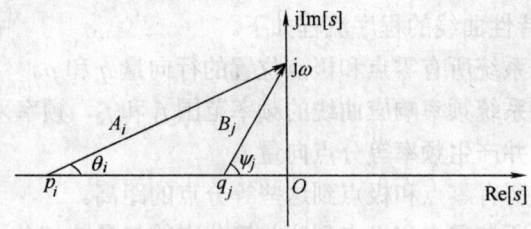

图 2-8-2 连续系统几何矢量法示意图

令

$$j\omega - q_j = B_j e^{j\psi_j}, j\omega - p_i = A_i e^{j\theta_i}$$

则 B_j 就是零点 q_j 到虚轴上角频率为 ω 的点的矢量长度(距离),而 ψ_j 就是该矢量的相角。A_i 就是极点 p_i 到虚轴上角频率为 ω 的点的矢量长度(距离),而 θ_i 就

是该矢量的相角。因此有

$$H(j\omega) = \frac{\prod\limits_{j=1}^{M} B_j e^{j(\psi_1+\psi_2+\cdots+\psi_M)}}{\prod\limits_{i=1}^{N} A_i e^{j(\theta_1+\theta_2+\cdots+\theta_N)}} = \left|He^{j\omega}\right|e^{j\varphi(\omega)} \quad (2\text{-}8\text{-}13)$$

则系统的幅频响应和相频响应为

$$\left|H(j\omega)\right| = \frac{\sum\limits_{j=1}^{M} B_j}{\sum\limits_{i=1}^{N} A_i}, \varphi(\omega) = \sum_{j=1}^{M}\psi_j - \sum_{i=1}^{N}\theta_i \quad (2\text{-}8\text{-}14)$$

由以上分析可以得到以下结论。

① 连续系统的幅频响应 $\left|H(j\omega)\right|$ 等于系统函数所有零点到虚轴上角频率为 ω 的点的距离之积与系统函数所有极点到虚轴上角频率为 ω 的点的距离之积的比值。

② 连续系统的相频响应 $\varphi(\omega)$ 等于系统函数所有零点到虚轴上角频率为 ω 的点的矢量的相角之和与系统函数所有极点到虚轴上角频率为 ω 的点的矢量的相角之和的差值。

让矢量 jω 沿着虚轴变化,即角频率 ω 由 0→∞进行改变,便可直观地求出系统幅频响应和相频响应随 ω 的变化,从而分析出系统的频率特性。

根据上述结论,若已知系统的零极点分布,即可直接由矢量几何法分析出系统的频率特性。

用 MATLAB 实现已知系统的零极点分布,求系统的频率响应,并绘制其幅频特性和相频特性曲线的程序流程如下。

① 定义包含系统所有零点和极点位置的行向量 q 和 p。

② 定义绘制系统频率响应曲线的频率范围 f_1 和 f_2,频率采样间隔 k(即频率变化步长值),并产生频率等分点向量 f。

③ 求出系统所有零点和极点到这些等分点的距离。

④ 求出系统所有零点和极点到这些等分点的矢量的相角。

⑤ 求出 $f_1 \sim f_2$ 频率范围内各频率等分点的 $\left|H(e^{j\omega})\right|$ 和 $\varphi(\omega)$ 的值。

⑥ 绘制 $f_1 \sim f_2$ 频率范围内系统的幅频特性和相频特性曲线。

下面是实现上述分析过程的 MATLAB 实用函数 splxy()。

function splxy(f1,f2,k,p,q)
%根据系统零极点分布绘制系统频率响应曲线程序
%f1、f2:绘制频率响应曲线的频率范围(即频率起始点和终止点,单位为

赫兹）

```
    %p、q：系统函数极点和零点位置行向量
    %k：绘制频率响应曲线的频率采样间隔
    p=p';
    q=q';
    f=f1:k:f2;              %定义绘制系统频率响应曲线的频率范围
    w=f*(2*pi);
    y=i*w;
    n=length(p);
    m=length(q);
    if n==0                 %如果系统无极点
        yq=ones(m,1)*y;
        vq=yq–q*ones(1,length(w));
        bj=abs(vq);
        ai=1;
    elseif m==0             %如果系统无零点
        yp=ones(n,1)*y;
        vp=yp–p*ones(1,length(w));
        ai=abs(vp);
        bj=1;
    else
        yp=ones(n,1)*y;
        yq=ones(m,1)*y;
        vp=yp–p*ones(1,length(w));
        vq=yq–q*ones(1,length(w));
        ai=abs(vp);
        bj=abs(vq);
    end
    Hw=prod(bj,1)./prod(ai,1);
    plot(f,Hw);
    title('连续系统幅频响应曲线')
    xlabel('频率 w（单位：赫兹）')
    ylabel('F(jw)')
```

上述程序中，若系统无零点或极点，则必须将零点或极点行向量定义为空向量。

注意: 在本程序中尽可能地采用了矩阵运算而不是循环运算,例如流程中的第 3、4、5 步的实现,这样可有效提高程序的运算速度。

4. 巴特沃思滤波器分析

理想低通滤波器的频率响应 $H(j\omega)$ 为

$$H(j\omega) = \begin{cases} 1, (\omega \leq \omega_c) \\ 0, (\omega \geq \omega_c) \end{cases} \quad (2\text{-}8\text{-}15)$$

其中 ω_c 称为低通滤波器的截止频率,$0 \sim \omega_c$ 的频率范围称为滤波器的通带,$\omega_c \sim \infty$ 的频率范围称为滤波器的阻带。

对 $H(j\omega)$ 进行傅里叶逆变换可得,理想低通滤波器的冲激响应为

$$h(t) = \frac{\omega}{\pi} \text{Sa}\left(\frac{\omega_c t}{\pi}\right)$$

从 $h(t)$ 的时域特性可以看出理想低通滤波器的一个非因果系统,因而是物理不可实现系统。但是在实际应用中,如果允许低通滤波器的通带和阻带之间有一定的过渡带,且通带和阻带允许有一定的衰减,就可以用物理可实现的系统去逼近理想低通滤波器的频率特性,从而获得较好的滤波效果。

巴特沃思滤波器就是工程中常用的频率响应逼近理想低通滤波器的物理可实现系统。

巴特沃思滤波器的幅频响应 $|H(j\omega)|$ 的平方(模方函数)满足

$$|H(j\omega)|^2 = \frac{1}{1+\left(\dfrac{j\omega}{j\omega_c}\right)^{2n}} \quad (2\text{-}8\text{-}16)$$

其中,n 称为巴特沃思滤波器的阶数,ω_c 称为巴特沃思滤波器的截止频率。

下面用 MATLAB 来分析巴特沃思滤波器的频率特性。首先令 $\omega_c=100$,然后用 MATLAB 将巴特沃兹思波器 n 取不同阶数时的频率响应曲线绘制出来。对应的 MATLAB 命令如下:

```
w=0:0.1:300;
wc=100;
for n=1:2:7
    hw=1./sqrt(1+(w/wc).^(2*n));
    hold on
    plot(w,hw)
end
title('巴特沃思滤波器幅频响应曲线')
xlabel('角频率 w')
```

ylabel('H(jw)')
绘制的巴特沃思滤波器的幅频响应如图 2-8-3 所示。

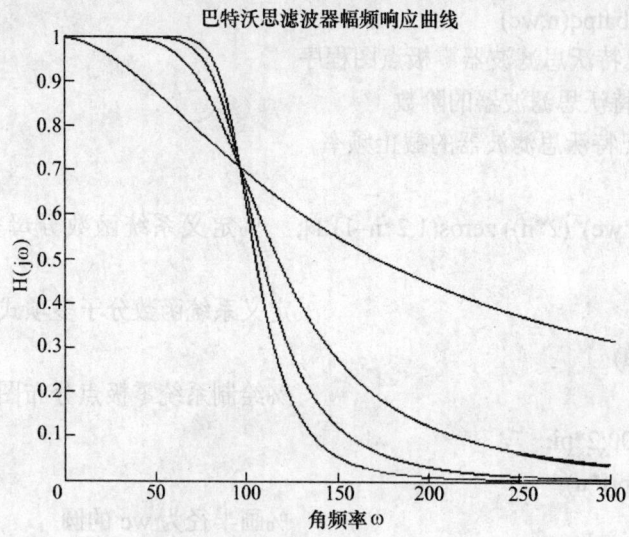

图 2-8-3 巴特沃思滤波器频率特性曲线

从图 2-8-3 所示的系统幅频响应曲线可以看出，巴特沃思滤波器的幅频响应曲线是单调变化的（即幅频响应曲线无起伏变化）。随着阶数 n 的增加，巴特沃思滤波器的频率特性也逐渐向理想低通滤波器逼近。即当巴特沃思滤波器的阶数较高时，就可以达到较为理想的滤波效果。

下面分析巴特沃思滤波器的系统函数及其零极点分布的规律。由式（2-8-16），可得

$$|H(\mathrm{j}\omega)|^2 = H(\mathrm{j}\omega)H(\mathrm{j}\omega)^* = H(\mathrm{j}\omega)H(-\mathrm{j}\omega) \quad (2\text{-}8\text{-}17)$$

由于巴特沃思滤波器是物理可实现的稳定因果系统，故有

$$|H(s)|^2 = H(s)H(s)^* = H(s)H(-s) = \frac{1}{1+\left(\dfrac{s}{\mathrm{j}\omega_c}\right)^{2n}} \quad (2\text{-}8\text{-}18)$$

令

$$1+\left(\frac{s}{\mathrm{j}\omega_c}\right)^{2n} = 0$$

即可求出 $H(s)H(-s)$ 的 $2n$ 个极点 $p_i (i=1,2,\cdots,2n)$。由于巴特沃思滤波器是稳定系统，故这 $2n$ 个极点中，位于左半平面的 n 个极点就是系统函数 $H(s)$ 的极点，而位于右半平面的 n 个极点就是系统函数 $H(-s)$ 的极点。

下面是求出巴特沃思滤波器的极点位置并绘制其零极点分布的 MATLAB 实用函数 batpq()。

```
function batpq(n,wc)
%绘制巴特沃思滤波器零极点图程序
%n：巴特沃思滤波器的阶数
%wc：巴特沃思滤波器的截止频率
hold off
a=[1./((i*wc)^(2*n)) zeros(1,2*n-1) 1];    %定义系统函数分母多项式系数向量
b=[1];                                      %定义系统函数分子多项式系数向量
p=roots(a)
sjdt(a,b)                                   %绘制系统零极点分布图
u=0:pi/200:2*pi;
r=wc*exp(i*u);
plot(r,':')                                 %画半径为 wc 的圆
set(gcf,'color',[1 1 1])
set(gca,'box','on')
title('巴特沃思滤波器极点分布图')
xlabel('S 平面实轴')
ylabel('S 平面虚轴')
```

注意：上述程序调用了绘制连续系统零极点图的实用函数 sjdt。运行如下 MATLAB 命令，即可求出巴特沃思滤波器分别当 $n=2$、$n=3$、$n=4$ 和 $n=5$ 时的极点位置，并绘出其相应的零极点图。

```
for n=2:5
    n
    batpq(n,100)
end
```

在实际应用中，可以根据提出的技术指标来设计巴特沃思滤波器，通常的设计指标为：

① 截止频率 ω_c。

② 过渡带频率范围 $\Delta\omega$。

③ 阻带最大增益 ε。

由于巴特沃思滤波器的频率响应是单调变化的，因此选择合适的阶数 n，使得当频率 $\omega > \omega_c + \Delta\omega$ 时，系统的幅频响应小于给定的阈值 ε。

对于二阶的情况，二阶巴特沃思滤波器的系统函数为

$$H(s) = \frac{\omega_c^2}{s^2 + \sqrt{2}\omega_c s + \omega_c} \tag{2-8-19}$$

5. 拉普拉斯逆变换

连续信号 $f(t)$ 的拉普拉斯变换具有如下一般形式

$$F(s) = \frac{C(s)}{D(s)} = \frac{\sum_{j=0}^{K} c_j s^j}{\sum_{i=0}^{L} d_i s^i} \tag{2-8-20}$$

若 $K \geqslant L$，则 $F(s)$ 可以分解为有理多项式与有理真分子之和，即

$$F(s) = P(s) + R(s) = P(s) + \frac{B(s)}{A(s)} = P(s) + \frac{\sum_{j=0}^{M} b_j s^j}{\sum_{i=1}^{N} a_i s^i} \tag{2-8-21}$$

其中 $P(s)$ 为关于 s 的多项式，其逆变换可直接求得（冲激信号及其各阶导数），$R(s)$ 为关于 s 的有理真分式，即满足 $M \leqslant N$。以下仅讨论 $M \leqslant N$ 的情况。

设连续信号 $f(t)$ 的拉普拉斯变换为 $F(s)$，则

$$F(s) = \frac{B(s)}{A(s)} = \frac{B(s)}{\prod_{i=1}^{N}(s-p_i)} \tag{2-8-22}$$

其中 $p_i(i=1,2,\cdots,N)$ 为 $F(s)$ 的 N 个极点。若满足 $M \leqslant N$，则可以对其直接进行部分分式展开，得

$$F(s) = \frac{r_1}{s-p_1} + \frac{r_2}{s-p_2} + \cdots + \frac{r_N}{s-p_n} \tag{2-8-23}$$

其中 $r_i = (s-p_i)F(s)\big|_{s=p_i}\ (i=1,2,\cdots,N)$ 称为有理函数 $F(s)$ 的留数。现分两种情况进行讨论。

（1）$F(s)$ 的所有极点为单实极点

此时
$$F(s) = \frac{r_1}{s-p_1} + \frac{r_2}{s-p_2} + \cdots + \frac{r_N}{s-p_n}$$

则 $F(s)$ 的拉普拉斯逆变换为

$$f(t) = \sum_{i=1}^{N} r_i e^{p_i t} \varepsilon(t) \tag{2-8-24}$$

可见，当 $F(s)$ 的所有极点为单实极点时，其对应时域信号 $f(t)$ 为若干个由 $F(s)$ 的极点位置决定的指数信号之和。

（2） $F(s)$ 有共轭极点

$$\underbrace{F(s)}_{f(t)} = \underbrace{\frac{r_1}{s-p_1} + \frac{r_2}{s-p_2}}_{f_2(t)} + \underbrace{\frac{r_3}{s-p_3} + \cdots + \frac{r_N}{s-p_n}}_{f_1(t)} \qquad (2\text{-}8\text{-}25)$$

设 $F(s)$ 有一对共轭极点 $p_{1,2} = -\alpha \pm \mathrm{j}\beta$，则留数 $r_i(i=1,2,\cdots,N)$ 的计算方法为

$$r_1 = (s-p_1)F(s)\big|_{s=p_1} = |r_1|\mathrm{e}^{\theta}, r_2 = r_1^* \qquad (2\text{-}8\text{-}26)$$

则 $F(s)$ 中由共轭极点 $p_{1,2} = -\alpha \pm \mathrm{j}\beta$ 所决定的两项复指数信号可以合并为一项，故有

$$f(t) = f_1(t) + f_2(t) = 2|r_1|\mathrm{e}^{-\alpha t}\cos(\beta t + \theta)\varepsilon(t) + \sum_{i=3}^{N} r_i \mathrm{e}^{-p_i t}\varepsilon(t) \qquad (2\text{-}8\text{-}27)$$

当 $F(s)$ 具有一对以上共轭极点的情况时亦同理。

可见，当 $F(s)$ 有共轭极点时，其对应时间信号将出现按指数规律变化的正弦（或余弦）振荡分量。

结论：连续时间信号 $f(t)$ 的时域特性完全由其拉普拉斯变换 $F(s)$ 的极点位置决定。

从以上的分析可以看出，只要求出 $F(s)$ 部分分式展开的系数（留数） $r_i(i=1,2,\cdots,N)$，就可直接求出 $F(s)$ 的逆变换 $f(t)$。

上述求连续时间信号拉普拉斯逆变换的过程，可以用 MATLAB 的 residue 函数来实现。设

$$F(s) = \frac{B(s)}{A(s)} = \frac{B(s)}{\prod_{i=1}^{N}(s-p_i)} = \sum_{i=1}^{N} \frac{r_i}{s-p_i} + \sum_{j=0}^{M-N} c_j s^j \qquad (2\text{-}8\text{-}28)$$

上式中，若 $M \leqslant N$，最后一项为 0。

令 A 和 B 分别是 $F(s)$ 的分子和分母多项式构成的系数向量，则函数

[r,p,k]=residue(B,A)

将产生三个向量 r、p 和 k，其中 p 为包含 $F(s)$ 所有极点的列向量，r 为包含 $F(s)$ 部分分式展开系数 $r_i(i=1,2,\cdots,N)$ 的列向量，k 为包含 $F(s)$ 部分分式展开的多项式的系数 $c_j(j=1,2,\cdots,M-N)$ 的行向量，若 $M \leqslant N$，则 k 为空阵。

用函数 residue() 求出 $F(s)$ 部分分式展开的系数后，便可根据其极点位置分布情况直接求出 $F(s)$ 的拉普拉斯逆变换 $f(t)$。

六、思考题

1. 巴特沃思滤波器的极点分布情况如何？
2. 频域分析法与复频域分析法有什么区别？
3. 从对输入信号分解的观点出发，说明系统响应从时域、频域和复频域分析的类同性。

实验九 离散系统的 z 域分析

一、实验目的

1. 掌握用 MATLAB 绘制离散系统零极点图的方法。
2. 掌握用 MATLAB 分析离散系统零极点的方法。
3. 掌握用 MATLAB 分析离散系统的频率响应的方法。
4. 掌握用 MATLAB 分析离散系统的频率特性的方法。
5. 掌握用 MATLAB 实现 z 逆变换的方法。

二、实验任务

1. 系统函数分别如下，分析并绘制出其离散系统的零极点图。

（1） $H(z) = \dfrac{3z^3 - 5z^2 + 10z}{z^3 - 3z^2 + 7z - 5}$ （2） $H(z) = \dfrac{1 - 0.5z^{-1}}{1 + \dfrac{3}{4}z^{-1} + \dfrac{1}{8}z^{-2}}$

（3） $H(z) = \dfrac{-3z^{-1}}{2 - 5z^{-1} + 2z^{-2}}$

2. 已知某离散系统的系统函数为：$H(z) = \dfrac{z+1}{3z^5 - z^4 + 1}$，试用 MATLAB 求出该系统的零极点，并画出零极点分布图，判断系统是否稳定。

3. 已知离散系统的零极点分布如图 2-9-1 所示，其中虚线表示单位圆，试用 MATLAB 分析系统单位响应 $h(k)$ 的时域特性。

4. 已知某离散系统的系统函数为 $H(z) = 1 + 5z^{-1} + 5z^{-2} + z^{-3}$，试用 MATLAB 绘出该系统的零极点图及幅频特性曲线，并分析该系统的频率特性。

5. 已知某离散系统的系统函数为

$$H(z) = \dfrac{z^2}{z^2 + 3z + 2}$$

试用 MATLAB 求出该系统的单位响应 $h(k)$。

6. 已知某序列的 z 变换为

$$F(z) = \dfrac{z^2 + z}{z^3 - 2z^2 + 2z - 1}$$

试用 MATLAB 求 $F(z)$ 的逆变换 $f(k)$。

实验九 离散系统的 z 域分析

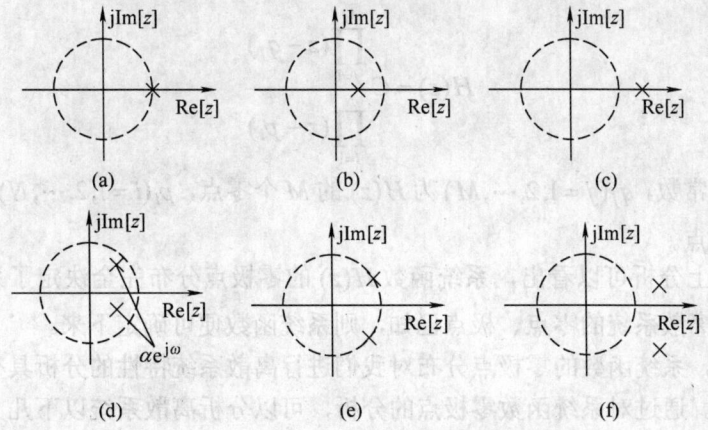

图 2-9-1 离散系统的零极点分布图

三、实验器材

计算机，软件 MATLAB5.3 及以上版本。

四、预习要求

1. 熟悉该实验所用到的原理。
2. 熟悉 MATLAB 有关函数的调用方式。
3. 按要求编写实验任务中所有题目的程序。

五、实验参考原理

1. 离散系统零极点图

线性时不变离散系统可以用如下所示的线性常系数差分方程来描述。

$$\sum_{i=0}^{N} a_i y(k-i) = \sum_{j=0}^{M} b_j f(k-j) \quad (2\text{-}9\text{-}1)$$

其中 $y(k)$ 为系统输出序列，$f(k)$ 为输入序列。

将式（2-9-1）两边进行 z 变换，得

$$H(z) = \frac{Y(z)}{F(z)} = \frac{\sum_{j=0}^{M} b_j z^j}{\sum_{i=0}^{N} a_i z^i} = \frac{B(z)}{A(z)} \quad (2\text{-}9\text{-}2)$$

式（2-9-2）中 $A(z)$ 和 $B(z)$ 分别是由描述系统的差分方程的系数决定的关于 z 的多项式，式（2-9-2）可改写为

$$H(z) = C \frac{\prod_{j=1}^{M}(z-q_j)}{\prod_{i=1}^{N}(z-p_i)} \qquad (2\text{-}9\text{-}3)$$

其中 C 为常数，$q_j(j=1,2,\cdots,M)$ 为 $H(z)$ 的 M 个零点，$p_i(i=1,2,\cdots,N)$ 为 $H(z)$ 的 N 个极点。

由以上分析可以看出，系统函数 $H(z)$ 的零极点分布完全决定了系统的特性，若某离散系统的零点、极点已知，则系统函数便可确定下来。

因此，系统函数的零极点分布对我们进行离散系统特性的分析具有非常重要的意义。通过对系统函数零极点的分析，可以分析离散系统以下几方面的特性。

① 系统单位响应 $h(k)$ 的时域特性。
② 离散系统的稳定性。
③ 离散系统的频率特性（幅频响应和相频响应）。

要通过系统函数零极点来分析系统特性，首先就要求出系统函数的零极点，然后绘制零、极点图。MATLAB 为我们快速、高效地分析离散系统特性提供了强有力的工具。下面介绍如何利用 MATLAB 实现这一过程。

设离散系统的系统函数为

$$H(z) = \frac{B(z)}{A(z)}$$

则系统函数的零点和极点可以用 MATLAB 的多项式求根函数 roots() 来实现，调用函数 roots() 的命令格式为

  p=roots(A)

其中 A 为待求根的多项式的系数构成的行向量，返回向量 p 则是包含该多项式所有根位置的列向量。例如多项式为

$$B(z) = z^2 + \frac{3}{4}z + \frac{1}{8}$$

则求该多项式根的 MATLAB 命令应为

  A=[1 3/4 1/8];
  p=roots(A)

运行结果为：

  p =
    –0.5000
    –0.2500

注意：在求系统函数零极点时，离散系统的系统函数可能有两种形式，一

种是分子和分母多项式均按 z 的降幂次序排列，如式（2-9-4）所示；另一种是分子和分母多项式均按 z^{-1} 的升幂次序排列，如式（2-9-5）所示。上述两种方式在构造多项式系数向量时稍有不同。

$$H(z) = \frac{z^3 + 2z}{z^4 + 3z^3 + 2z^2 + 2z + 1} \qquad (2\text{-}9\text{-}4)$$

$$H(z) = \frac{1 + z^{-1}}{1 + \frac{1}{2}z^{-1} + \frac{1}{4}z^{-2}} \qquad (2\text{-}9\text{-}5)$$

若 $H(z)$ 是以 z 的降幂形式排列，则系数向量一定要由多项式的最高幂次开始，一直到常数项，缺项要用 0 补齐。例如式（2-9-4）所示的系统函数，其分子多项式的系数向量应为：B=[1 0 2 0]；分母多项式的系数向量应为：A=[1 3 2 2 1]。

若 $H(z)$ 是以 z^{-1} 的升幂形式排列，则分子和分母多项式系数向量的维数一定要相同，不足的要用 0 补齐，否则 $z=0$ 的零点或极点就可能被漏掉。例如对式（2-9-5）所示的系统函数，其分子多项式的系数向量应为：B=[1 1 0]；分母多项式的系数向量应为：A=[1 1/2 1/4]。

用 roots 函数求得 $H(z)$ 的零极点后，就可以用 plot 命令绘制出系统函数的零极点图。下面是求系统函数零极点并绘制其零极点图的 MATLAB 实用函数 ljdt（），该函数在绘出系统零极点图的同时，还绘出了 z 平面的单位圆。

```
function ljdt(A,B)
% The function to draw the pole-zero diagram for discrete system
p=roots(A);                    %求系统极点
q=roots(B);                    %求系统零点
p=p';                          %将极点列向量转置为行向量
q=q';                          %将零点列向量转置为行向量
x=max(abs([p q 1]));           %确定纵坐标范围
x=x+0.1;
y=x;                           %确定横坐标范围
clf
hold on
axis([-x x -y y])              %确定坐标轴显示范围
w=0:pi/300:2*pi;
t=exp(i*w);
plot(t)                        %画单位圆
```

```
axis('square')
plot([-x x],[0 0])                              %画横坐标轴
plot([0 0],[-y y])                              %画纵坐标轴
text(0.1,x,'jIm[z]')
text(y,1/10,'Re[z]')
plot(real(p),imag(p),'x')                       %画极点
plot(real(q),imag(q),'o')                       %画零点
title('pole-zero diagram for discrete system')  %标注标题
hold off
```

2．离散系统的零极点分析

（1）离散系统的零极点分布与系统稳定性

与连续系统的分析一样，根据系统函数 $H(z)$ 的零极点分布来分析离散系统的稳定性也是离散系统零极点分析的重要应用之一。

对任意有界的输入序列 $f(k)$，若系统产生的零状态响应 $y(k)$ 也是有界的，则称该离散系统为稳定系统，否则，则称为不稳定系统。

可以证明，上述系统稳定性的定义可以等效为下列条件。

① 时域条件：离散系统稳定的充要条件为 $\sum_{k=-\infty}^{\infty}|h(k)|<\infty$，即系统单位响应绝对求和。

② z 域条件：离散系统稳定的充要条件为系统函数 $H(z)$ 的所有极点位于 z 平面的单位圆内。

离散系统稳定的时域条件和 z 域条件是等价的。因此，只要考察系统函数 $H(z)$ 的极点分布，就可判断系统的稳定性。对于三阶以下的低阶系统，可以利用求根公式方便地求出离散系统的极点位置，从而判断系统的稳定性。但对于高阶系统，手工求解极点的位置则显得非常困难，需要用 MATLAB 的实用函数 ljdt（）来实现这一过程。

（2）零极点分布与系统单位响应时域特性的关系

我们知道，离散系统的系统函数 $H(z)$ 与其单位响应 $h(k)$ 之间存在着如下关系。

$$H(z)=\sum_{k=-\infty}^{\infty}h(k)z^{-k}$$

即 $H(z)$ 与 $h(k)$ 是一对 z 变换对。因而，$H(z)$ 必然包含了 $h(k)$ 的固有性质。下面分析 $H(z)$ 是如何决定 $h(k)$ 的时域特性的。

离散系统的系统函数可表示为关于 z 的两个多项式之比，即

$$H(z) = \frac{B(z)}{A(z)} = C \frac{\prod_{j=1}^{M}(z-q_j)}{\prod_{i=1}^{N}(z-p_i)} \qquad (2\text{-}9\text{-}6)$$

其中 $q_j(j=1,2,\cdots,M)$ 为 $H(z)$ 的 M 个零点，$p_i(i=1,2,\cdots,N)$ 为 $H(z)$ 的 N 个极点。

若系统函数的 N 个极点是单极点，可以将 $H(z)$ 进行部分分式展开为

$$H(z) = \sum_{i}^{N} \frac{k_i z}{z - p_i} \qquad (2\text{-}9\text{-}7)$$

由 z 逆变换可得

$$h(k) = \sum_{i}^{N} k_i (p_i)^k \varepsilon(k) \qquad (2\text{-}9\text{-}8)$$

从式（2-9-7）和式（2-9-8）可以看出，离散系统单位响应 $h(k)$ 的时域特性完全由系统函数 $H(z)$ 的极点位置决定。$H(z)$ 的每一个极点将决定 $h(k)$ 的一项时间序列。显然 $H(z)$ 的极点位置不同，则 $h(k)$ 的时域特性也完全不同。

3．离散系统的频率响应

从以上的分析我们知道，离散系统的系统函数 $H(z)$ 反映了系统本身固有的特性。那么，当离散序列通过离散系统时，系统是如何对不同频率的输入序列进行加工和处理的呢？下面分析这一过程。

设置某稳定的因果离散系统，其系统函数为 $H(z)$，输入为正弦序列

$$f(k) = A\sin(\omega k), (k \geq 0)$$

该序列可视为有连续正弦时间信号 $f(t) = A\sin(\Omega k)$ 经过周期 T 均匀采样而得。则上式中 $\omega = \Omega T$ 称为离散正弦序列的数字角频率。

对输入正弦序列进行 z 变换可得

$$F(z) = \frac{Az\sin\omega}{z^2 - 2z\cos\omega + 1} = \frac{Az\sin\omega}{(z-e^{j\omega})(z-e^{-j\omega})}$$

由离散系统的分析可知，设定系统的输出序列为 $y(k)$ 的 z 变换应为

$$Y(z) = F(z) \cdot H(z) = \frac{Az\sin\omega}{(z-e^{j\omega})(z-e^{-j\omega})} \cdot H(z) = \frac{Az\sin\omega}{(z-e^{j\omega})(z-e^{-j\omega})} \cdot \frac{B(z)}{\prod_{i=1}^{N}(z-p_i)}$$

上式中，$B(z)$ 为系统函数的分子多项式，$p_i(i=1,2,\cdots,N)$ 为 $H(z)$ 的 N 个极点。用部分分式展开法对上式展开有

$$Y(z) = \frac{k_1 z}{z-e^{j\omega}} + \frac{k_2 z}{z-e^{-j\omega}} + \sum_{i=1}^{N} \frac{A_i z}{z-p_i} \qquad (2\text{-}9\text{-}9)$$

其中，$k_1, k_2, A_i (i=1,2,\cdots,N)$ 为部分分式展开所确定的系数。显然，$e^{j\omega}$ 和 $e^{-j\omega}$ 可

看做是 $Y(z)$ 的一对共轭极点。故

$$k_1 = \frac{Y(z)}{z} \cdot (z - \mathrm{e}^{\mathrm{j}\omega})\Big|_{z=\mathrm{e}^{\mathrm{j}\omega}} = \frac{A\sin\omega}{z - \mathrm{e}^{\mathrm{j}\omega}} \cdot H(z)\Big|_{z=\mathrm{e}^{\mathrm{j}\omega}} = \frac{A}{2\mathrm{j}} \cdot H(\mathrm{e}^{\mathrm{j}\omega})$$

$$k_2 = k_1^* = \frac{A}{-2\mathrm{j}} \cdot H(\mathrm{e}^{\mathrm{j}\omega})$$

令

$$H(\mathrm{e}^{\mathrm{j}\omega}) = \left|H(\mathrm{e}^{\mathrm{j}\omega})\right| \cdot \mathrm{e}^{\mathrm{j}\varphi(\omega)}$$

则

$$H(\mathrm{e}^{-\mathrm{j}\omega}) = \left|H(\mathrm{e}^{\mathrm{j}\omega})\right| \cdot \mathrm{e}^{-\mathrm{j}\varphi(\omega)}$$

代入式（2-9-9），有

$$Y(z) = \frac{A}{2\mathrm{j}}\left|H(\mathrm{e}^{\mathrm{j}\omega})\right| \cdot \left(\frac{z\mathrm{e}^{\mathrm{j}\varphi(\omega)}}{z - \mathrm{e}^{\mathrm{j}\omega}} - \frac{z\mathrm{e}^{-\mathrm{j}\varphi(\omega)}}{z - \mathrm{e}^{-\mathrm{j}\omega}}\right) + \sum_{i=1}^{N}\frac{A_i z}{z - p_i}$$

对上式求逆变换，有

$$y(k) = A\left|H(\mathrm{e}^{\mathrm{j}\omega})\right|\sin[\omega k + \varphi(\omega)] + \sum_{i=1}^{N} A_i p_i^k \qquad (k \geq 0)$$

由于系统是稳定系统，故系统函数的所有极点应在单位圆内，即 $|p_i| < 1(i = 1, 2, \cdots, N)$，所以系统的稳态响应为

$$y(k) = A\left|H(\mathrm{e}^{\mathrm{j}\omega})\right|\sin[\omega k + \varphi(\omega)] \qquad (2\text{-}9\text{-}10)$$

从式（2-9-10）可以得出如下结论：离散系统对数字角频率为 ω 的正弦输入序列的处理，表现在幅度和相位两方面的改变上，$H(\mathrm{e}^{\mathrm{j}\omega})$ 的模决定了输出序列与输入序列的幅度之比。而 $H(\mathrm{e}^{\mathrm{j}\omega})$ 的相角则决定了输出序列与输入序列的相位之差。也就是说，$H(\mathrm{e}^{\mathrm{j}\omega})$ 的作用完全类似于连续系统的频率响应 $H(\mathrm{j}\omega)$。因此将

$$H(\mathrm{e}^{\mathrm{j}\omega}) = H(z)\Big|_{z=\mathrm{e}^{\mathrm{j}\omega}} = \left|H(\mathrm{e}^{\mathrm{j}\omega})\right| \cdot \mathrm{e}^{\mathrm{j}\varphi(\omega)}$$

定义为离散系统的频率响应。$\left|H(\mathrm{e}^{\mathrm{j}\omega})\right|$ 称为离散系统的幅频响应，$\varphi(\omega)$ 称为离散系统的相频响应，$\left|H(\mathrm{e}^{\mathrm{j}\omega})\right|$ 随 ω 而变化的曲线称为系统的幅频特性曲线，$\varphi(\omega)$ 随 ω 而变化的曲线称为系统的相频特性曲线。

$H(\mathrm{e}^{\mathrm{j}\omega})$ 与连续系统的频率响应 $H(\mathrm{j}\omega)$ 最大区别在于其呈周期性，而且周期为 2π。因此，只要分析 $H(\mathrm{e}^{\mathrm{j}\omega})$ 在 $|\omega| \leq 2\pi$ 范围内的情况，便可分析出系统的整个频率特性。

在 $H(\mathrm{e}^{\mathrm{j}\omega})$ 中，由于 ω 是数字角频率，它与采样前连续信号的角频率的关系是 $\omega = \Omega T$，其中 T 为采样周期，因此对于满足采样定理的采样情况，采样角频率 ω_s 应满足

$$\omega_s = \frac{2\pi}{T} \geq 2\pi \qquad 或 \omega = \Omega T \leq \pi$$

因此，在 $H(e^{j\omega})$ 随 ω 的变化关系中，$\omega = \pi$ 附近，反映了系统对输入信号高频部分的处理情况，而 $\omega = 0$ 附近，反映了系统对输入信号低频部分的处理情况。

由上述分析可知，离散系统的幅频特性曲线和相频特性曲线直观地反映了系统对不同频率的输入序列的处理情况。因此，我们只要知道离散系统的频率响应 $H(e^{j\omega})$，就可分析离散系统的整个频率特性。那么，如何求得离散系统的频率响应 $H(e^{j\omega})$ 呢？最简便的方法就是通过系统函数 $H(z)$ 的分析而得到系统的频率响应 $H(e^{j\omega})$，通常采用如下两种分析方法。

（1）直接法

设某离散系统的系统函数为 $H(z)$，则该系统的频率响应为

$$H(e^{j\omega}) = H(z)\big|_{z=e^{j\omega}} = \left|H(e^{j\omega})\right| \cdot e^{j\varphi(\omega)}$$

MATLAB 为用户提供了专门用于求离散系统频率响应的函数 freqz()，调用 freqz() 函数有如下两种格式。

① [H,w]=freqz(B,A,N)

在上述调用中，B 和 A 分别是待分析的离散系统的系统函数分子、分母多项式的系数向量，N 为正整数，返回向量 H 则包含了离散系统频率响应 $H(e^{j\omega})$ 在 0～π 范围内 N 个频率等分点的值，向量 w 则包含 0～π 范围内 N 个频率等分点。调用中若 N 默认，则系统默认为 $N=512$。

例如，对如下离散系统

$$H(z) = \frac{z - 0.5}{z}$$

则计算其 0～π 范围内 10 个频率等分点的频率响应 $H(e^{j\omega})$ 样值的 MATLAB 命令为

　　A=[1 0];
　　B=[1 −0.5];
　　[H,w]=freqz(B,A,10)

运行结果为

　　H =
　　　　0.5000
　　　　0.5245 + 0.1545i
　　　　0.5955 + 0.2939i
　　　　0.7061 + 0.4045i

0.8455 + 0.4755i
   1.0000 + 0.5000i
   1.1545 + 0.4755i
   1.2939 + 0.4045i
   1.4045 + 0.2939i
   1.4755 + 0.1545i
w =
        0
   0.3142
   0.6283
   0.9425
   1.2566
   1.5708
   1.8850
   2.1991
   2.5133
   2.8274

②[H,w]=freqz(B,A,N,'whole')

该调用格式将计算离散系统在 0~2π 范围内 N 个频率等分点的频率响应 $H(e^{j\omega})$ 的值。因此我们可以先调用 freqz() 函数计算出离散系统频率响应的值，然后再利用 MATLAB 的 abs() 和 angle() 函数及 plot 命令，即可绘制出系统在 0~π 或 0~2π 范围内的幅频特性和相频特性曲线，例如对式（2-9-10）所示系统，绘制系统幅频特性和相频特性曲线的 MATLAB 命令如下。

B=[1 –0.5];
A =[1 0];
[H,w]=freqz(B,A,400,'whole');
Hf=abs(H);
Hx=angle(H);
clf
figure(1)
plot(w,Hf)
title('离散系统幅频特性曲线')
figure(2)
plot(w,Hx)
title('离散系统相频特性曲线')

（2）几何矢量法

几何矢量法是通过系统函数零极点分布来分析系统频率响应的一种直观而又简便的方法。该方法将系统函数的零极点视为 z 平面上的矢量，通过对这些矢量（零极点）的模和相角的分析，即可快速确定出系统的幅频响应和相频响应。其基本原理如下。

设某离散系统的系统函数为

$$H(e^{j\omega}) = \frac{\prod_{j=1}^{M}(e^{j\omega} - q_j)}{\prod_{i=1}^{N}(e^{j\omega} - p_i)}$$

其中 $q_j(j=1,2,\cdots,M)$ 为系统函数的 M 个零点，$p_i(i=1,2,\cdots,N)$ 为系统函数的 N 个极点。则系统的频率响应为

$$H(z) = \frac{B(z)}{A(z)} = C\frac{\prod_{j=1}^{M}(z - q_j)}{\prod_{i=1}^{N}(z - p_i)}$$

从 z 平面的矢量几何角度来考虑，可将 z 平面的任一点看成是从原点到该点的矢量，及 $e^{j\omega}$ 即是从原点到单位圆的矢量（因其模恒为 1），ω 即是矢量 $e^{j\omega}$ 与 z 平面实坐标轴的夹角。同理，$q_j(j=1,2,\cdots,M)$ 和 $p_i(i=1,2,\cdots,N)$ 即是原点到系统函数各零点和极点的矢量。现考虑矢量 $e^{j\omega} - q_j$，由矢量运算可知，它实际上就是零点 q_j 到单位圆上的点 $e^{j\omega}$ 的矢量，如图 2-9-2 所示。而矢量 $e^{j\omega} - p_i$ 就是极点 p_i 到单位圆上的点 $e^{j\omega}$ 的矢量。

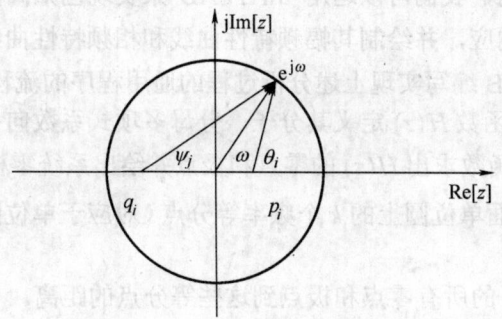

图 2-9-2　几何矢量法示意图

令

$$e^{j\omega} - q_j = B_j e^{j\psi_j}, e^{j\omega} - p_i = A_i e^{j\theta_i}$$

则 B_j 就是零点 q_j 到单位圆上的点 $e^{j\omega}$ 的矢量的长度（距离），而 ψ_j 就是该矢量的相角。A_i 就是零点 p_i 到单位圆上的点 $e^{j\omega}$ 的矢量的长度（距离），而 θ_i 就是该矢量的相角。因此有

$$H(e^{j\omega}) = \frac{\prod_{j=1}^{M} B_j e^{j(\psi_1+\psi_2+\cdots+\psi_M)}}{\prod_{i=1}^{N} A_i e^{j(\theta_1+\theta_2+\cdots+\theta_N)}} = |H(e^{j\omega})| e^{j\varphi(\omega)}$$

则系统的幅频响应和相频响应为

$$|H(e^{j\omega})| = \frac{\prod_{j=i}^{M} B_j}{N\prod_{i=1} A_i}, \qquad \varphi(\omega) = \sum_{j=1}^{M}\psi_j - \sum_{i=1}^{N}\theta_i$$

由上述分析可以得出以下结论。

① 离散系统的幅频响应 $|H(e^{j\omega})|$ 等于系统函数 $H(z)$ 所有零点到单位圆上相角为 ω 的点的距离之积与系统函数所有极点到该点的距离之积的比值。

② 离散系统的相频响应等于系统函数 $H(z)$ 所有零点到单位圆上相角为 ω 的点的矢量的相角之和与系统函数所有极点到单位圆上相角为 ω 的点的矢量的相角之和的差值。

让矢量 $e^{j\omega}$ 沿着单位圆旋转，即数字角频率 ω 由 $0\sim 2\pi$ 进行改变，我们便可直观地求出系统幅频响应和相频响应随 ω 的变化，从而分析出系统的频率特性。显然这种变化是以 2π 为周期的。

根据上述结论，我们可以运用 MATLAB 来实现已知离散系统的零极点分布，求系统频率响应，并绘制其幅频特性曲线和相频特性曲线的分析过程。

利用 MATLAB 编写实现上述分析过程的通用程序的流程如下。

① 根据系统函数 $H(z)$ 定义其分子、分母多项式系数向量 B 和 A。

② 调用 ljdt 函数求出 $H(z)$ 的零点和极点并绘出系统零极点图。

③ 定义 z 平面单位圆上的 k 个频率等分点（对应于单位圆上的 k 个不同的 $e^{j\omega}$ 点）。

④ 求出 $H(z)$ 的所有零点和极点到这些等分点的距离。

⑤ 求出 $H(z)$ 的所有零点和极点到这些等分点的矢量的相角。

⑥ 求出单位圆上各频率等分点的 $|H(e^{j\omega})|$ 和 $\varphi(\omega)$。

⑦ 绘制指定范围内系统的幅频响应曲线和相频响应曲线。

下面是实现上述分析过程的 MATLAB 实用函数 dplxy()。该子程序包含四

个传入参量,其中 k 为用户自定义的频率等分点的数目,它的大小决定了 MATLAB 程序绘制的曲线是否能很好地近似实际频率响应曲线,B、A 为待分析系统函数的分子、分母多项式的系数向量,r 为程序绘制的频率特性曲线的频率范围,频率范围为 $0 \sim r \cdot \pi$,即若 $r=2$,程序则绘制出系统 $0 \sim 2\pi$ 频率范围的特性曲线。

```
function dplxy(k,r,A,B)
%The function to draw the frequency response of discrete system
p=roots(A);                %求极点
q=roots(B);                %求零点
figure(1)
ljdt(A,B)                  %画零极点图
w=0:1*pi/k:r*pi;
y=exp(i*w);                %定义单位圆上的k个频率等分点
N=length(p);               %求极点个数
M=length(q);               %求零点个数
yp=ones(N,1)*y;            %定义行数为极点个数的单位圆向量
yq=ones(M,1)*y;            %定义行数为零点个数的单位圆向量
vp=yp-p*ones(1,k+1);       %定义极点到单位圆上各点的向量
vq=yq-q*ones(1,k+1);       %定义零点到单位圆上各点的向量
Ai=abs(vp);                %求出极点到单位圆上各点的向量的模
Bj=abs(vq);                %求出零点到单位圆上各点的向量的模
Ci=angle(vp);              %求出极点到单位圆上各点的向量的相角
Dj=angle(vq);              %求出零点到单位圆上各点的向量的相角
fai=sum(Dj,1)-sum(Ci,1);   %求系统相频响应
H=prod(Bj,1)./prod(Ai,1);  %求系统幅频响应
figure(2)
plot(w,H);                 %绘制幅频特性曲线
title('离散系统幅频特性曲线')
xlabel('角频率')
ylabel('幅度')
figure(3)
plot(w,fai)
title('离散系统的相频特性曲线')
```

xlabel('角频率')
ylabel('相位')

4. z 逆变换

离散序列 $f(k)$ 的 z 变换具有如下一般形式

$$H(z) = \frac{B(z)}{A(z)} = \frac{\sum_{j=0}^{M} b_j z^j}{\sum_{i=0}^{N} a_i z^i}$$

若 $f(k)$ 为单边序列，即当 $k<0$ 时，$f(k)<0$，则其 z 变换的收敛域应为 $|z|>\rho_0$，且包括 $z=\infty$，故此时 $F(z)$ 的分子多项式的最高幂次不能高于分母多项式的最高幂次，即满足 $M \leqslant N$。

与拉普拉斯逆变换相类似，z 逆变换也可以有部分分式展开法来求得。但要注意的是，离散信号的基本序列是指数序列 $a^k u(k)$，其 z 变换为 $\frac{z}{z-a}$，因此在求逆 z 变换时，通常并不是直接展开 $F(z)$，而是对 $\frac{F(z)}{z}$ 进行展开。

设某离散序列的 z 变换为 $F(z)$，则

$$\frac{F(z)}{z} = \frac{B(z)}{A(z)} = \frac{B(z)}{\prod_{i=1}^{N}(z-p_i)}$$

其中 $p_i (i=1,2,\cdots,N)$ 为 $\frac{F(z)}{z}$ 的 N 个极点。若上式满足 $M \leqslant N$，则可以对其直接进行部分分式展开，得

$$\frac{F(z)}{z} = \frac{r_1}{z-p_1} + \frac{r_2}{z-p_2} + \cdots + \frac{r_N}{z-p_N}$$

$r_i = (z-p_i) \cdot \frac{F(z)}{z}\Big|_{z=p_i} (i=1,2,\cdots,N)$ 称为有理函数 $\frac{F(z)}{z}$ 的留数。

（1） $F(z)$ 的所有极点为单实极点

此时，$F(z) = \frac{zr_1}{z-p_1} + \frac{zr_2}{z-p_2} + \cdots + \frac{zr_N}{z-p_N}$，则 $F(z)$ 的 z 逆变换应为

$$f(k) = \sum_{i=1}^{N} r_i (p_i)^k \varepsilon(k)$$

可见，当 $F(z)$ 的所有极点为单实极点时，其对应序列 $f(k)$ 为若干个由 $F(z)$ 极点位置决定的指数序列之和。

（2） $F(z)$ 有共轭极点

设 $F(z)$ 有一对共轭极点 $p_{1,2} = \alpha e^{\pm j\beta}$

$$\underbrace{F(z)}_{f(k)} = \underbrace{\frac{zr_1}{z-p_1} + \frac{zr_2}{z-p_2}}_{f_2(k)} + \underbrace{\frac{zr_3}{z-p_3} + \cdots + \frac{zr_N}{z-p_N}}_{f_1(k)}$$

其中留数 $r_1 = (z-p_1) \cdot \frac{F(z)}{z}\big|_{z=p_1} = |r_1|e^{\theta}, r_2 = r_1^*$，则 $f(k)$ 中由共轭极点所决定的两项复指数序列可以合并为一项，故有

$$f(k) = f_1(k) + f_2(k) = 2|r_1|(\alpha)^k \cos(\beta k + \theta)\varepsilon(k) + \sum_{i=3}^{N} r_i(p_i)^k \varepsilon(k)$$

$F(z)$ 具有一对以上共轭极点的情况同理。

可见，当 $F(z)$ 有共轭极点时，其对应时间序列将出现按指数规律变化的正弦（或余弦）序列分量。

结论：序列 $f(k)$ 的时域特性完全由其 z 变换 $F(z)$ 的极点位置决定。

从以上的分析可以看出，只要求出 $\frac{F(z)}{z}$ 部分分式展开的系数（留数）$r_i = (i=1,2,\cdots,N)$，就可以直接求出 $F(z)$ 的逆变换 $f(k)$。

与求拉普拉斯逆变换一样，我们也可以用 MATLAB 的 residue() 函数来求 z 逆变换。设

$$\frac{F(z)}{z} = \frac{B(z)}{A(z)} = \frac{B(z)}{\prod_{i=1}^{N}(z-p_i)} = \sum_{i=1}^{N} \frac{r_i}{z-p_i} + \sum_{j=0}^{M-N} c_j z^j$$

令 B、A 分别为由 $F(z)$ 的分子、分母多项式构成的系数向量，则函数

    [r,p,k]=residue(B,A)

将产生三个向量 r、p 和 k，其中 p 为包含 $\frac{F(z)}{z}$ 所有极点的列向量，r 为包含 $\frac{F(z)}{z}$ 部分分式展开系数 $r_i = (i=1,2,\cdots,N)$ 的列向量，k 为包含 $\frac{F(z)}{z}$ 部分分式展开的多项式项的系数 $c_j = (j=1,2,\cdots,M-N)$ 行向量，若 $M \leq N$，则 k 为空阵。

用 residue() 函数求出 $\frac{F(z)}{z}$ 部分分式展开系数后，便可根据其极点位置分布情况直接求出 $F(z)$ 的逆变换 $f(k)$。

六、思考题

1. 为何在求 z 逆变换时，通常并不是直接展开 $F(z)$，而是对 $\frac{F(z)}{z}$ 进行展开？

2. 若已知的是差分方程，用 MATLAB 如何求解？

实验十　状态变量分析

一、实验目的

1. 掌握用 MATLAB 实现系统模型相互转换的方法。
2. 掌握用 MATLAB 求解微分方程的方法。
3. 掌握用 MATLAB 求解差分方程的方法。
4. 掌握用 MATLAB 求解状态方程的方法。
5. 掌握用 MATLAB 实现系统的可控性和可观测性的判别方法。

二、实验任务

1. 已知描述系统的微分方程为
$$2y''' + 3y'' + 5y' + 9y = 2u'' - 5u' + 3u$$
求出它的传递函数模型、零极点增益模型和状态方程模型。

2. 某系统的状态方程和输出方程为
$$\begin{bmatrix} \dot{x}_1(t) \\ \dot{x}_2(t) \end{bmatrix} = \begin{bmatrix} 1 & 3 \\ 0 & 1 \end{bmatrix} \begin{bmatrix} x_1(t) \\ x_2(t) \end{bmatrix} + \begin{bmatrix} 1 & 1 \\ 1 & 0 \end{bmatrix} \begin{bmatrix} f_1(t) \\ f_2(t) \end{bmatrix}$$

$$\begin{bmatrix} y_1(t) \\ y_2(t) \end{bmatrix} = \begin{bmatrix} 1 & 1 \\ 0 & 1 \end{bmatrix} \begin{bmatrix} x_1(t) \\ x_2(t) \end{bmatrix} + \begin{bmatrix} 1 & 0 \\ 1 & 1 \end{bmatrix} \begin{bmatrix} f_1(t) \\ f_2(t) \end{bmatrix}$$

求其解。

3. 已知描述系统的微分方程为
$$y'' + 2y' + 8y = u$$
求其冲激响应。若 $u = 3t + \cos(0.1t)$，求其零状态响应。

4. 描述 LTI 系统的差分方程为
$$y(n) - y(n-1) + 0.9y(n-2) - 0.5y(n-3) = 5u(n) - 2u(n-1) + 2u(n-2)$$

（1）已知 $y(0) = -2$，$y(-1) = 2$，$y(-2) = -\dfrac{1}{2}$，求零输入响应，计算 20 步。

（2）求单位脉冲响应 $h(n)$，计算 20 步。

（3）求单位阶跃响应 $g(n)$，计算 20 步。

5. 已知线性定常系统的状态方程为

$$\begin{bmatrix} \dot{x}_1 \\ \dot{x}_2 \\ \dot{x}_3 \end{bmatrix} = \begin{bmatrix} 1 & 2 & -1 \\ 0 & 1 & 0 \\ 1 & 0 & 3 \end{bmatrix} \begin{bmatrix} x_1 \\ x_2 \\ x_3 \end{bmatrix} + \begin{bmatrix} 1 & 0 \\ 0 & 1 \\ 0 & 1 \end{bmatrix} \begin{bmatrix} u_1 \\ u_2 \end{bmatrix}$$

判定系统的可控性。

6. 已知线性定常离散系统的状态方程为

$$x(k+1) = \begin{bmatrix} 0.8760 & 0 & 0 \\ 0.2546 & 0.6621 & -0.5701 \\ 0.1508 & 0.4221 & 1 \end{bmatrix} x(k) + \begin{bmatrix} 0.2105 \\ 0.1033 \\ 0.1768 \end{bmatrix} u(k)$$

$$y(k) = \begin{bmatrix} 0 & 1 & 3.5 \end{bmatrix} x(k)$$

判定系统的可控性。

7. 已知线性定常系统的状态空间表达式为

$$\begin{bmatrix} \dot{x}_1 \\ \dot{x}_2 \\ \dot{x}_3 \end{bmatrix} = \begin{bmatrix} 1 & 0 & -1 \\ -1 & -2 & 0 \\ 3 & 0 & 1 \end{bmatrix} \begin{bmatrix} x_1 \\ x_2 \\ x_3 \end{bmatrix}$$

$$y = \begin{bmatrix} 1 & 0 & 0 \\ 0 & -1 & 0 \end{bmatrix} \begin{bmatrix} x_1 \\ x_2 \\ x_3 \end{bmatrix}$$

判定系统的可观测性。

8. 已知线性定常离散系统的状态方程为

$$x(k+1) = \begin{bmatrix} 0.7754 & 0 & 1 \\ 0.3346 & 0.7648 & -0.5661 \\ 0.2448 & 0.3725 & 2.2254 \end{bmatrix} x(k)$$

$$y(k) = \begin{bmatrix} 0 & 1.5 & 2.7210 \end{bmatrix} x(k)$$

判定系统的可观测性。

三、实验器材

计算机，软件 MATLAB5.3 及以上版本。

四、预习要求

1. 熟悉该实验所用到的原理。
2. 熟悉 MATLAB 有关函数的调用方式。
3. 按要求编写实验任务中所有题目的程序。

五、实验参考原理

1. 连续系统的数学模型

线性时不变连续系统典型的数学模型有微分方程、传递函数、零极点增益、状态方程等,它们都能描述系统的特性,但各有不同的应用场合。熟悉各模型间的相互转换是非常重要的。

(1) 微分方程模型

设单输入单输出 LTI 连续系统的输入信号为 $e(t)$,输出信号为 $r(t)$,则其微分方程的一般形式为

$$a_0 \frac{\mathrm{d}^n r(t)}{\mathrm{d}t^n} + a_1 \frac{\mathrm{d}^{n-1} r(t)}{\mathrm{d}t^{n-1}} + \cdots + a_{n-1} \frac{\mathrm{d}r(t)}{\mathrm{d}t} + a_n$$
$$= b_0 \frac{\mathrm{d}^m e(t)}{\mathrm{d}t^m} + b_1 \frac{\mathrm{d}^{m-1} e(t)}{\mathrm{d}t^{m-1}} + \cdots + b_{m-1} \frac{\mathrm{d}e(t)}{\mathrm{d}t} + b_m \quad (2\text{-}10\text{-}1)$$

式中,$a_0, a_1, \cdots, a_n$,$b_0, b_1, \cdots, b_m$ 为实常数,且 $m \leqslant n$。

(2) 传递函数模型

对式(2-10-1)在零初始条件下求拉氏变换,并根据传递函数的定义可得单输入单输出系统的传递函数的一般形式为

$$G(s) = \frac{R(s)}{E(s)} = \frac{b_0 s^m + b_1 s^{m-1} + \cdots + b_{m-1} s + b_m}{a_0 s^n + a_1 s^{n-1} + \cdots + a_{n-1} s + a_n} = \frac{M(s)}{N(s)} \quad (2\text{-}10\text{-}2)$$

式中

$M(s) = b_0 s^m + b_1 s^{m-1} + \cdots + b_{m-1} s + b_m$ 为传递函数的分子多项式;

$N(s) = a_0 s^n + a_1 s^{n-1} + \cdots + a_{n-1} s + a_n$ 为传递函数的分母多项式,也称为系统的特征多项式。

在 MATLAB 中,系统的分子多项式系数和分母多项式系数分别用向量 num 和 den 表示,即

$$\text{num} = [b_0, b_1, \cdots, b_{m-1}, b_m], \quad \text{den} = [a_0, a_1, \cdots, a_{n-1}, a_n]$$

(3) 零极点增益模型

对式(2-10-2)所示传递函数的分子多项式和分母多项式经因式分解后,可写为如下形式

$$G(s) = K \frac{(s-z_1)(s-z_2)\cdots(s-z_m)}{(s-p_1)(s-p_2)\cdots(s-p_n)} = K \frac{\prod_{i=1}^{m}(s-z_i)}{\prod_{j=1}^{n}(s-p_j)} \quad (2\text{-}10\text{-}3)$$

对于单输入单输出系统,$z_0, z_1, \cdots, z_m$ 为 $G(s)$ 的零点,$p_0, p_1, \cdots, p_n$ 为 $G(s)$ 的极点,K 为系统的增益。

在 MATLAB 中,系统的零点和极点分别用向量 **Z** 和 **P** 表示,即

$$\boldsymbol{Z} = [z_0, z_1, \cdots, z_m], \quad \boldsymbol{P} = [p_0, p_1, \cdots, p_n]$$

(4) 状态方程模型

对于多输入多输出系统，应用最多的是状态方程模型。线性时不变系统的状态方程模型一般形式为

$$\begin{cases} \dot{x}(t) = Ax(t) + Bu(t) \\ y(t) = Cx(t) + Du(t) \end{cases} \quad (2\text{-}10\text{-}4)$$

式中，$x(t)$ 为状态向量（n 维），$u(t)$ 为输入向量（p 维），$y(t)$ 为输出向量（q 维）；A 为系统矩阵或状态矩阵或系数矩阵（$n \times n$ 维），B 为控制矩阵或输入矩阵（$n \times p$ 维），C 为观测矩阵或输出矩阵（$q \times n$ 维），D 为前馈矩阵或输入/输出矩阵（$q \times p$ 维）。式（2-10-4）所示系统还可以简记为系统（A，B，C，D）或状态空间模型（A，B，C，D）。

2. 离散系统的数学模型

以上描述线性时不变连续系统典型的数学模型可推广到离散系统，从而得到线性时不变离散系统典型的数学模型。

（1）差分方程模型

设单输入单输出 LTI 离散系统的输入序列为 $e(k)$，输出序列为 $r(k)$，则其差分方程的一般形式为

$$\begin{aligned} & a_0 r(k+n) + a_1 r(k+n-1) + \cdots + a_{n-1} r(k+1) + a_n r(k) \\ &= b_0 e(k+m) + b_1 e(k+m-1) + \cdots + b_{m-1} r(k+1) + b_m r(k) \end{aligned} \quad (2\text{-}10\text{-}5)$$

式中，$a_0, a_1, \cdots, a_n$，$b_0, b_1, \cdots, b_m$ 为实常数，且 $m \leqslant n$。

（2）脉冲传递函数模型

单输入单输出系统的脉冲传递函数的一般形式为

$$G(z) = \frac{R(z)}{E(z)} = \frac{b_0 z^m + b_1 z^{m-1} + \cdots + b_{m-1} z + b_m}{a_0 z^n + a_1 z^{n-1} + \cdots + a_{n-1} z + a_n} \quad (2\text{-}10\text{-}6)$$

在 MATLAB 中，传递函数模型的分子向量和分母向量表示的建立方法与式（2-10-2）相同。只是以 MATLAB 命令中是否包含了采样周期选项来区分所建立模型是传递函数模型还是脉冲传递函数模型。

（3）零极点增益模型

零极点增益模型的形式为

$$G(z) = K \frac{(z - z_1)(z - z_2) \cdots (z - z_m)}{(z - p_1)(z - p_2) \cdots (z - p_n)} \quad (2\text{-}10\text{-}7)$$

式中，$z_0, z_1, \cdots, z_m$ 为 $G(z)$ 的零点，$p_0, p_1, \cdots, p_n$ 为 $G(z)$ 的极点，K 为系统的增益。

（4）状态方程模型

对于多输入多输出系统，应用最多的是状态方程模型。线性时不变离散系统的状态方程模型一般形式为

$$\begin{cases} x(k+1) = Ax(k) + Bu(k) \\ y(k) = Cx(k) + Du(k) \end{cases} \quad (2\text{-}10\text{-}8)$$

式中，$x(k)$ 为状态向量序列（n 维），$u(k)$ 为输入向量序列（p 维），$y(k)$ 为输出向量序列（q 维）；矩阵 A，B，C，D 的维数和意义与式（2-10-4）相同。

3. 数学模型的转换

在实际应用过程中，常常需要将线性时不变系统的各种模型进行任意转换。也就是说，已知其中的一种数学模型描述，就可以求出该系统的另一种数学模型描述。MATLAB 提供了丰富的模型转换函数。

使用模型转换函数主要进行连续时间模型与离散时间模型之间的转换及离散时间模型不同采样周期之间的转换。

（1）连续时间模型转换为离散时间模型

在 MATLAB 中，使用函数 c2d（ ）将连续时间模型转换为离散时间模型，也称为将连续时间系统离散化，其调用格式有两种。

① sysd=c2d（sys，Ts）

以采样周期 Ts 将线性时不变连续系统 sys 离散化，得到离散化后的系统 sysd。

② sysd=c2d（sys，Ts，method）

以字符串 "method" 指定的离散化方法将线性时不变连续系统 sys 离散化，"method" 包括' zoh '——零阶保持器，'foh'——一阶保持器，' tustin '——图斯汀变换，' matched '——零极点匹配法。若未指定离散化方法，则采用零阶保持器离散化方法；除零极点匹配法仅支持单输入单输出系统外，其他离散化方法既支持单输入单输出系统，也支持多输入多输出系统。例如连续时间系统的传递函数为

$$G(s) = \frac{s+1}{s^2 + 2s + 5} e^{-0.35s}$$

将其按照采样周期 Ts=0.1s 进行离散化。其步骤为先建立传递函数模型，在 MATLAB 命令窗口中输入：

sys=tf([1 1],[1 2 5],'inputdelay',0.35)

运行结果为：

Transfer function:

```
                 s + 1
exp(-0.35*s) * -----------------
              s^2 + 2 s + 5
```

再以零阶保持器方法离散化得到离散化模型，输入的命令为：

Gd=c2d(sys,0.1)

运行结果为：

Transfer function:

$$z^{\wedge}(-3) * \frac{0.04869 z^{\wedge}2 + 0.002242 z - 0.04191}{z^{\wedge}3 - 1.774 z^{\wedge}2 + 0.8187 z}$$

Sampling time: 0.1

若以一阶保持器方法离散化，则输入的命令为：

Gd=c2d(sys,0.1,'foh')

运行结果为：

Transfer function:

$$z^{\wedge}(-3) * \frac{0.01228 z^{\wedge}3 + 0.05996 z^{\wedge}2 - 0.05282 z - 0.0104}{z^{\wedge}3 - 1.774 z^{\wedge}2 + 0.8187 z}$$

Sampling time: 0.1

（2）离散时间模型转换为连续时间模型

在 MATLAB 中，使用函数 d2c（）将离散时间模型转换为连续时间模型，其调用格式有两种。

① sysc=d2c（sysd）

将线性时不变离散模型 sysd 转换成连续时间模型 sysc。

② sysc=d2c（sysd，method）

以字符串"method"指定的方法将线性时不变离散模型 sysd 转换成连续时间模型 sysc，"method"的含义与函数 c2d（）中的相同。

（3）离散时间系统重新采样

在 MATLAB 中，使用函数 d2d（）来对离散时间系统进行重新采样，得到在新采样周期下的离散时间系统模型或者加入输入延时，其调用格式为

sysl=d2d（sys，Ts）

将线性时不变离散时间模型 sys 按照新的采样周期 Ts 重新采样，得到离散时间模型 sysl。

（4）传递函数模型转换为状态空间模型

MATLAB 提供了一个 tf2ss（）函数，它能把描述系统的微分方程转换为等价的状态方程，其调用格式为

[A，B，C，D]=tf2ss(num，den)

其中 num，den 分别表示系统函数 $H(s)$ 的分子和分母多项式，A，B，C，D 分别为状态方程的矩阵。

例如，某系统的微分方程为

$$y''(t) + 5y'(t) + 10y(t) = f(t)$$

求其状态方程。

首先由系统的微分方程可得系统的 $H(s)$ 为

$$H(s) = \frac{1}{s^2 + 5s + 10}$$

运行下列程序

    [A,B,C,D]=tf2ss([1],[15 10])

运行结果为：

A =

    -5   -10

    1   0

B =

    1

    0

C =

    0   1

D =

    0

所以系统的状态方程为

$$\begin{bmatrix} \dot{x}_1 \\ \dot{x}_2 \end{bmatrix} = \begin{bmatrix} -5 & -10 \\ 1 & 0 \end{bmatrix} \begin{bmatrix} x_1 \\ x_2 \end{bmatrix} + \begin{bmatrix} 1 \\ 0 \end{bmatrix} f(t)$$

$$y(t) = \begin{bmatrix} 0 & 1 \end{bmatrix} \begin{bmatrix} x_1 \\ x_2 \end{bmatrix}$$

（5）传递函数模型转换为零极点增益模型

MATLAB 提供了一个 tf2zp（ ）函数，它能把描述系统的传递函数模型转换为等价的零极点增益模型，其调用格式为

    [Z，P，K]=tf2zp (num，den)

其中 num，den 分别表示系统函数的分子和分母多项式，Z 为零点向量，P 为极点向量，K 为增益。

（6）状态空间模型转换为传递函数模型

MATLAB 提供了一个 ss2tf（ ）函数，它能把描述系统的状态方程转换为等价的传递函数模型，其调用格式为

    [num，den]= ss2tf(A，B，C，D，k)

其中 A，B，C，D 分别表示状态方程的矩阵；k 表示由函数 ss2tf 计算的与第 k 个输入相关的系统函数，即 $H(s)$ 的第 k 列。num 表示 $H(s)$ 第 k 列的 m 个元素

的分子多项式，den 表示 $H(s)$ 公共的分母多项式。

例如，某系统的状态方程和输出方程为

$$\begin{bmatrix} \dot{x}_1(t) \\ \dot{x}_2(t) \end{bmatrix} = \begin{bmatrix} 2 & 3 \\ 0 & -1 \end{bmatrix} \begin{bmatrix} x_1(t) \\ x_2(t) \end{bmatrix} + \begin{bmatrix} 0 & 1 \\ 1 & 0 \end{bmatrix} \begin{bmatrix} f_1(t) \\ f_2(t) \end{bmatrix}$$

$$\begin{bmatrix} y_1(t) \\ y_2(t) \end{bmatrix} = \begin{bmatrix} 1 & 1 \\ 0 & -1 \end{bmatrix} \begin{bmatrix} x_1(t) \\ x_2(t) \end{bmatrix} + \begin{bmatrix} 1 & 0 \\ 1 & 0 \end{bmatrix} \begin{bmatrix} f_1(t) \\ f_2(t) \end{bmatrix}$$

求其系统函数矩阵 $H(s)$。

运行下列程序

```
A=[2 3;0 -1];B=[0 1;1 0];
C=[1 1;0 -1];D=[1 0;1 0];
[num1,den1]=ss2tf(A,B,C,D,1)
[num2,den2]=ss2tf(A,B,C,D,2)
```

运行结果为：

num1 =

  1 0 -1

  1 -2 0

den1 =

  1 -1 -2

num2 =

  0 1 1

  0 0 0

den2 =

  1 -1 -2

所以系统函数矩阵 $H(s)$ 为

$$H(s) = \frac{1}{s^2 - 2s - 2} \begin{bmatrix} s^2-1 & s+1 \\ s^2-2s & 0 \end{bmatrix} = \begin{bmatrix} \dfrac{s+1}{s-2} & \dfrac{1}{s-2} \\ \dfrac{s}{s+1} & 0 \end{bmatrix}$$

（7）状态空间模型转换为零极点增益模型

MATLAB 提供了一个 ss2zp（ ）函数，它能把描述系统的状态方程转换为等价的零极点增益模型，其调用格式为

[Z, P, K]= ss2zp(A, B, C, D, k)

其中 Z 为零点向量，P 为极点向量，K 为增益；k 表示与第 k 个输入向量至全部输出之间零极点增益模型的参数。

（8）零极点增益模型转换为传递函数模型

MATLAB 提供了一个 zp2tf（）函数，它能把描述系统的零极点增益模型转换为等价的传递函数模型，其调用格式为

[num，den]= zp2tf (Z，P，K)

其中 Z 为零点向量，P 为极点向量，K 为增益。num，den 分别表示传递函数的分子和分母多项式。

（9）零极点增益模型转换为状态空间模型

MATLAB 提供了一个 zp2ss（）函数，它能把描述系统的零极点增益模型转换为等价的状态方程，其调用格式为

[A，B，C，D]= zp2ss (Z，P，K)

其中 Z 为零点向量，P 为极点向量，K 为增益；A，B，C，D 分别表示状态方程的矩阵。

4. 连续时间系统的状态方程求解

连续时间系统状态方程的一般形式为

$$\begin{cases} \dot{x}(t) = Ax(t) + Bf(t) \\ y(t) = Cx(t) + Df(t) \end{cases}$$

首先由 sys=ss（A，B，C，D）获得状态方程的计算机模型，然后再由 lsim 函数获得其状态方程的数值解。lsim 的调用格式为

[y，to，x]=lsim（sys，f，t，x0）

其中 sys—由函数 ss 构造的状态方程模型；t—需计算的输出样本点，t=0：dt：Tfinal；f（:，k）—系统第 k 个输入在 t 上的抽样值；x0 —系统的初始状态（可省略）；y（:，k）—系统的第 k 个输出；to—实际计算时所用的样本点；x —系统的状态。

5. 离散时间系统的状态方程求解

离散时间系统状态方程的一般形式为

$$\begin{cases} x(n+1) = Ax(n) + Bf(n) \\ y(n) = Cx(n) + Df(n) \end{cases}$$

首先由 sys=ss（A，B，C，D）获得离散时间系统状态方程的计算机模型，然后再由 lsim 函数获得其状态方程的数值解。lsim 的调用格式为

[y，n，x]=lsim（sys，f，[ ]，x0）

其中 sys —由函数 ss 构造的状态方程模型；f（:，k）—系统第 k 个输入序列；x0—系统的初始状态（可省略）；y（:，k）—系统的第 k 个输出；n—序列的下标；x—系统的状态。

6. 系统的可控性及其判定

设线性系统的状态空间模型为

$$\begin{cases} \dot{x}(t) = Ax(t) + Bu(t) \\ y(t) = Cx(t) \end{cases} \quad (2\text{-}10\text{-}9)$$

初始条件为 $x(t_0) = x_0$。

式中，$x(t)$ 为状态向量（n 维），$u(t)$ 为输入向量（p 维），$y(t)$ 为输出向量（q 维）；A 为状态矩阵（$n \times n$ 维），B 为输入矩阵（$n \times p$ 维），C 为输出矩阵（$q \times n$ 维）。

对于线性系统[式（2-10-9）]，如果存在一个分段连续输入 $u(t)$，能在 $[t_0, t_1](t_1 > t_0)$ 有限时间区间内使得系统从一非零状态 $x(t_0) = x_0$ 转移到 $x(t_f) = 0$，则称状态 $x(t_0)$ 在时刻 t_0 为可控的。若系统的所有状态在时刻 t_0 都是可控的，则称此系统状态完全可控，简称系统可控。如果存在一个或一些非零状态在时刻 t_0 是不可控的，则称系统在时刻 t_0 是不完全可控的，简称系统不可控。

线性定常系统 $\dot{x}(t) = Ax(t) + Bu(t)$ 状态完全可控的充分必要条件是可控性判别矩阵

$$Q_c = [B \quad AB \quad A^2B \quad \cdots \quad A^{n-1}B]$$

满秩，即

$$\text{rank}(Q_c) = n$$

式中，n 是状态向量 x 的维数，即系统的阶数。

MATLAB 提供了生成可控性判别矩阵函数 ctrb()，其调用格式有两种。

① Qc=ctrb（A，B）

由系统矩阵 A 和输入矩阵 B 计算可控性判别矩阵 Q_c。

② Qc=ctrb（sys）

计算系统 sys 的可控性判别矩阵 Q_c。

该函数同时适用于连续时间系统和离散时间系统。若 $\text{rank}(Q_c) = n$（n 为状态变量的个数），则系统可控；若 $\text{rank}(Q_c) < n$，则系统不可控，且可控状态变量的个数等于 $\text{rank}(Q_c)$。

7．系统的可观测性及其判定

对于线性系统[式（2-10-9）]，若对于初始时刻 t_0 的一非零状态 $x(t_0) = x_0$，存在一个有限时刻 $t_f > t_0$，使得有限时间间隔 $[t_0, t_f]$ 的系统输出 $y(t)$ 能唯一地确定系统的初始状态 x_0，则称此状态 x_0 在时刻 t_0 为可观测的。如果状态空间中的所有状态都是时刻 t_0 的可观测状态，则称此系统在时刻 t_0 是完全可观测的，简称系统可观测。如果状态空间中存在一个或一些非零状态在时刻 t_0 是不可观测的，则称系统在时刻 t_0 是不完全可观测的，简称系统不可观测。

对于线性定常连续系统

$$\begin{cases} \dot{x}(t) = Ax(t) \\ y(t) = Cx(t) \end{cases}$$

状态完全可观测的充分必要条件是可观测性判别矩阵

$$Q_o = [C^T \quad A^T C^T \quad \cdots \quad (A^T)^{n-1} C^T]$$

满秩，即

$$\text{rank}(Q_o) = n$$

式中，n 是状态向量 x 的维数，即系统的阶数。

MATLAB 提供了生成可控性判别矩阵函数 obsv（），其调用格式有两种。

① Qo=obsv（A，B）

由系统矩阵 A 和输出矩阵 C 计算可控性判别矩阵 Q_o。

② Qo=obsv（sys）

计算系统 sys 的可控性判别矩阵 Q_o。

该函数同时适用于连续时间系统和离散时间系统。若 $\text{rank}(Q_o) = n$（n 为状态变量的个数），则系统可观测；若 $\text{rank}(Q_o) < n$，则系统不可观测，且可观测状态变量的个数等于 $\text{rank}(Q_o)$。

六、思考题

1. 总结连续系统状态变量分析方法的特点。
2. 总结离散系统状态变量分析方法的特点。

第三篇
基于 DSP 的信号与系统的仿真实验

本篇是基于 ICETEK DSP 教学实验箱的信号与系统实验的软件实现，可完成信号与系统有关内容的如下实验，建议安排 16 学时。

实验一　常用指令实验（4 学时）
实验二　模数转换实验（4 学时）
实验三　有限冲击响应滤波器（FIR）算法实验（4 学时）
实验四　A 律压缩/解压实验（4 学时）

一、CCS 概述

Code Composer Studio（CCS）是 TI 公司推出的用于开发 DSP 芯片的集成开发环境，它采用 Windows 风格界面，集编辑、编译、链接、软件仿真、硬件调试以及实时跟踪等功能于一体，极大地方便了 DSP 芯片的开发与设计，是目前使用最为广泛的 DSP 开发软件之一。

1. CCS 简介

CCS 是一种针对 TMS320 系列 DSP 的集成开发环境,在 Windows 操作系统下，采用图形接口界面，提供环境配置、源文件编辑、程序调试、跟踪和分析等工具。CCS 有两种工作模式。

（1）软件仿真器模式：可以脱离 DSP 芯片，在 PC 机上模拟 DSP 的指令集和工作机制，主要用于前期算法实现和调试。

（2）硬件在线编程模式：可以实时运行在 DSP 芯片上,与硬件开发板相结合在线编程和调试应用程序。

CCS 提供了基本的代码生成工具，它们具有一系列的调试、分析能力。CCS 构成及接口如图 3-0-1 所示。

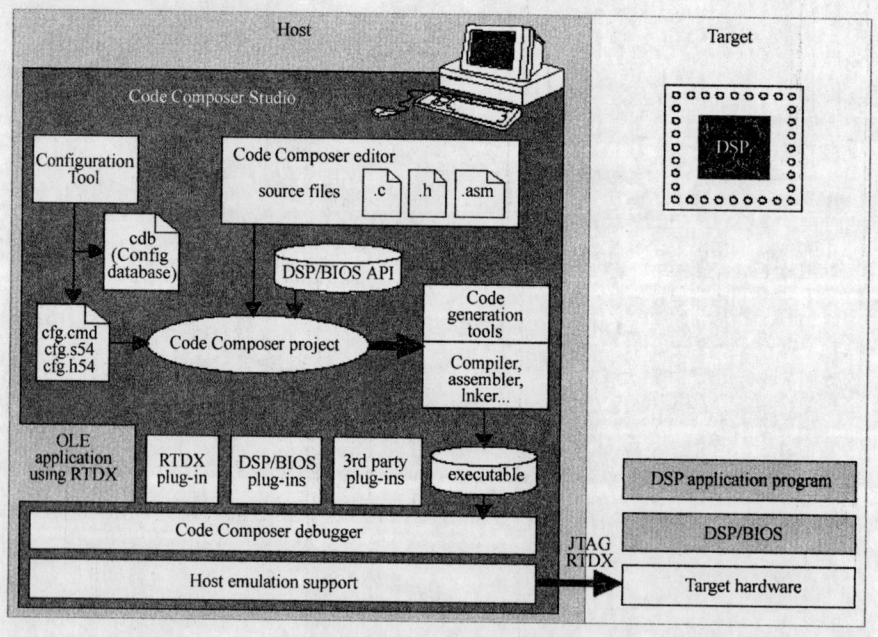

图 3-0-1　CCS 构成及接口

一、CCS 概述

2. CCS 代码生成工具

代码生成工具奠定了 CCS 所提供的开发环境的基础。图 3-0-2 是一个典型的软件开发流程图，图中阴影部分表示通常的 C 语言开发途径，其他部分是为了强化开发过程而设置的附加功能。

图 3-0-2 描述的工具如下。

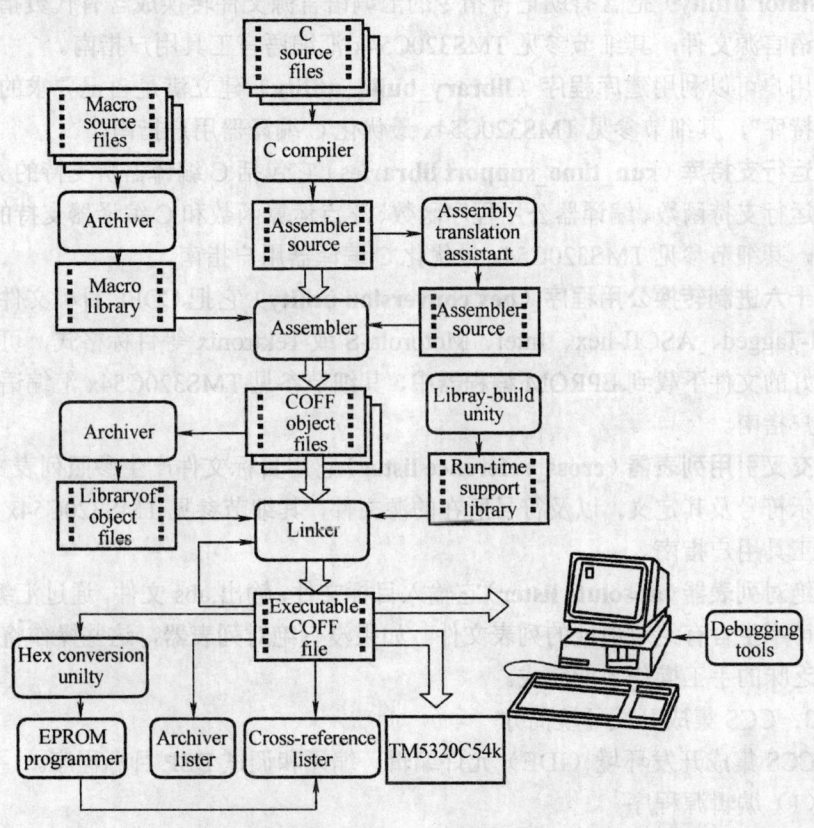

图 3-0-2 软件开发流程

C 编译器（C compiler） 产生汇编语言源代码，其细节参见 TMS320C54x 最优化 C 编译器用户指南。

汇编器（assembler） 把汇编语言源文件翻译成机器语言目标文件，机器语言格式为公用目标格式（COFF），其细节参见 TMS320C54x 汇编语言工具用户指南。

连接器（linker） 把多个目标文件组合成单个可执行目标模块。它一边创建可执行模块，一边完成重定位以及决定外部参考。连接器的输入是可重定位的目标文件和目标库文件，有关连接器的细节参见 TMS320C54x 最优化 C 编译器用户指南和汇编语言工具用户指南。

归档器（**archiver**）允许用户把一组文件收集到一个归档文件中。归档器也允许用户通过删除、替换、提取或添加文件来调整库，其细节参见 TMS320C54x 汇编语言工具用户指南。

助记符到代数汇编语言转换公用程序（**mnimonic_to_algebric assembly translator utility**）把含有助记符指令的汇编语言源文件转换成含有代数指令的汇编语言源文件，其细节参见 TMS320C54x 汇编语言工具用户指南。

用户可以利用**建库程序**（**library_build utility**）建立满足自己要求的"运行支持库"，其细节参见 TMS320C54x 最优化 C 编译器用户指南。

运行支持库（**run_time_support libraries**）它包括 C 编译器所支持的 ANSI 标准运行支持函数、编译器公用程序函数、浮点运算函数和 C 编译器支持的 I/O 函数，其细节参见 TMS320C54x 最优化 C 编译器用户指南。

十六进制转换公用程序（**hex conversion utility**）它把 COFF 目标文件转换成 TI-Tagged、ASCII-hex、Intel、Motorola-S 或 Tektronix 等目标格式，可以把转换好的文件下载到 EPROM 编程器中，其细节参见 TMS320C54x 汇编语言工具用户指南。

交叉引用列表器（**cross_reference lister**）它用目标文件产生参照列表文件，可显示符号及其定义，以及符号所在的源文件，其细节参见 TMS320C54x 汇编语言工具用户指南。

绝对列表器（**absolute lister**）它输入目标文件，输出.abs 文件，通过汇编.abs 文件可产生含有绝对地址的列表文件。如果没有绝对列表器，这些操作将需要冗长乏味的手工操作才能完成。

3. CCS 集成开发环境简介

CCS 集成开发环境（IDE）允许编辑、编译和调试 DSP 目标程序。

（1）编辑源程序

CCS 允许编辑 C 源程序和汇编语言源程序，还可以在 C 语句后面显示汇编指令的方式来查看 C 源程序，如图 3-0-3 所示。

集成编辑环境支持下述功能。

① 用彩色加亮关键字、注释和字符串。

② 以圆括弧或大括弧标记 C 程序块，查找匹配块或下一个圆括弧或大括弧。

③ 在一个或多个文件中查找和替代字符串，能够实现快速搜索。

④ 取消和重复多个动作。

⑤ 获得"上下文相关"的帮助。

⑥ 用户定制的键盘命令分配。

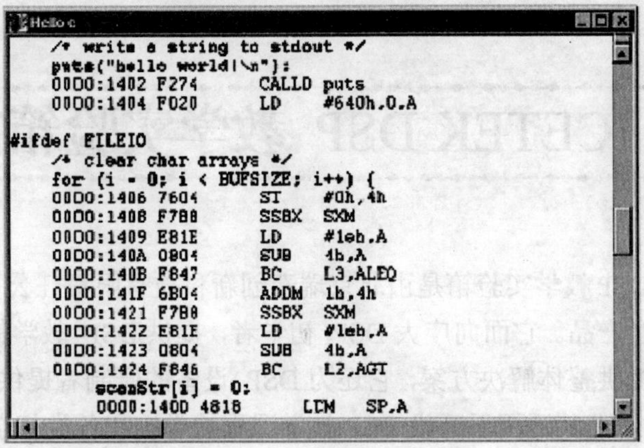

一、CCS 概述

图 3-0-3 CCS 集成编辑环境

（2）创建应用程序

应用程序通过工程文件来创建。工程文件中包括 C 源程序、汇编源程序、目标文件、库文件、连接命令文件和包含文件。编译、汇编和连接文件时，可以分别指定它们的选项。在 CCS 中，可以选择完全编译或增量编译，可以编译单个文件，也可以扫描出工程文件的全部包含文件从属树，也可以利用传统的 makefiles 文件编译，如图 3-0-4 所示。

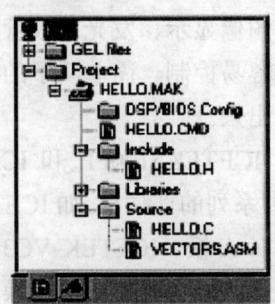

图 3-0-4 CCS 文件创建

（3）调试应用程序

CCS 提供的调试功能有：设置可选择步数的断点；在断点处自动更新窗口；查看变量；观察和编辑存储器和寄存器；观察调用堆栈；对流向目标系统或从目标系统流出的数据采用探针工具观察，并收集存储器映像；绘制选定对象的信号曲线；估算执行统计数据；观察反汇编指令和 C 指令。

二、ICETEK DSP 教学实验箱简介

ICETEK DSP 教学实验箱是由北京瑞泰创新科技有限责任公司于2003年推出的 DSP 教学产品。它面向广大 DSP 初学者，提供 DSP 教学的一体化设备，为 DSP 教学提供整体解决方案，它还为 DSP 设备的研制者提供了一个较为完备的测试平台，尤其适用于开设 DSP 教学课程的学校和各类初学者。

1. ICETEK DSP 教学实验箱的特点

（1）完备性：提供完整的 DSP 实验环境。硬件上包括 DSP 仿真器、评估板、信号源、控制模块；软件上提供仿真软件、完全使用手册和实验例程。可以进行与 DSP 应用相关的大部分实验和测试。

（2）易用性：完备的使用说明和实验手册使使用者可以轻松上手、尽快熟悉 DSP 使用的相关操作，多功能的控制模块提供从图像到声音、从输入到输出多种形象直观的显示、控制手段，使用户的知识得到感性的结果，从而加深对 DSP 的理解。

（3）直观性：提供液晶图像显示、发光二极管阵列显示、电机指示等视觉实验效果，信号源也提供了容易控制、简单明了的测试手段，使实验现象能更加直观、具体、明确地展示出来。

（4）灵活性：支持使用 ICETEK5100PP 和 ICETEK5100USB 仿真器；在接口相同的前提下，支持多种系列的评估板，如 ICETEK-LF2407-A 板、ICETEK-VC33-A 板、ICETEK-VC5416-A 板、ICETEK-VC33-AE 板、ICETEK-C6713-A 板和已经或即将推出的多种评估板。各模块更换操作简单，安装容易，可以适用各种教学需求。

（5）适用性：针对 DSP 能同时进行多路信号处理的特点，提供两个独立的信号源，可单独设置，四路波形输出，充分测试 DSP 的并行数字信号处理能力。针对 DSP 实验经常需要做 A/D、D/A 转换实验的特点，实验箱将 DSP 评估板上相关接口引出，在底板上扩展成专用插座供实验者连接使用，实验箱具备同时输入四路 A/D 转换和四路输出 D/A 转换的能力，结合信号源，可同时进行四路 A/D、D/A 转换实验；针对于 DSP 评估板输入、输出能力不足的特点，利用显示/控制模块提供充足的输入、输出手段；针对于 DSP 评估板测试方面的需求，实验箱提供了一组常用的测试点，用以完成常用信号的测试和比较。针对

实验箱的不同使用者，提供完备、容易上手的学习、实验资料，而且设计了循序渐进、丰富完整的实验，同时还为教师提供指导材料和教材。演示程序不但能展示实验箱的功能，也能应用于教学。

2. ICETEK DSP 教学实验箱的功能

（1）两个独立的信号发生器，可同时提供两种波形、四路输出；信号的波形、频率、幅度可调。

（2）多种直流电源输出。支持对仿真器和评估板的直流电源连接插座。

（3）显示输出：液晶图像显示器（LCD），可显示从 DSP 发送来的数据；发光二极管阵列（LED Array）；发光二极管；电机指针 0°～360°指示。

（4）音频输出：可由 DSP I/O 脚控制的蜂鸣器；D/A 转换输出提供音频插座，可直接接插耳机。

（5）键盘输入：可由 DSP 回读扫描码；同时键盘产生中断信号作为 DSP 外中断输入。

（6）步进电机：四相步进电机，可由 DSP I/O 端口控制旋转和方向、速度。

（7）直流电机：可以接收 DSP 输出的 PWM 控制信号，实现电机的转速和方向控制。

（8）底板提供插座，可使用插座完成 DSP 评估板上的 A/D 转换信号输入和 D/A 转换输出。

（9）测试模块：提供 14 个测试点，可以测量 PWM 输出、A/D 转换输入和 D/A 转换输出波形。

（10）软件资料：相关 DSP 设计编程使用教材、实验教程、使用说明、实验程序等。

3. ICETEK DSP 教学实验箱的组成

如图 3-0-5 所示，ICETEK DSP 教学实验箱主要由以下几个部分组成。

（1）箱盖：保护实验箱设备；保存教材、使用手册、实验指导书、各种实验用的连线；可拆卸，在实验中可从箱体上拆下；带锁，可在关闭时用钥匙锁住。

（2）箱体：装载实验箱设备；左侧外壁上有一个标准外接电源线插孔；通过固定螺钉与实验箱底板连为一体。

（3）底板：固定各模块；提供电源开关、实验用直流电源插座(3)、A/D、D/A 输入/输出插座（8）、各模块直流供电插座（5）、信号插座（6）、信号源输出插座（4）、测试点（14）；实现显示/控制模块和 DSP 评估板模块的信号互连。

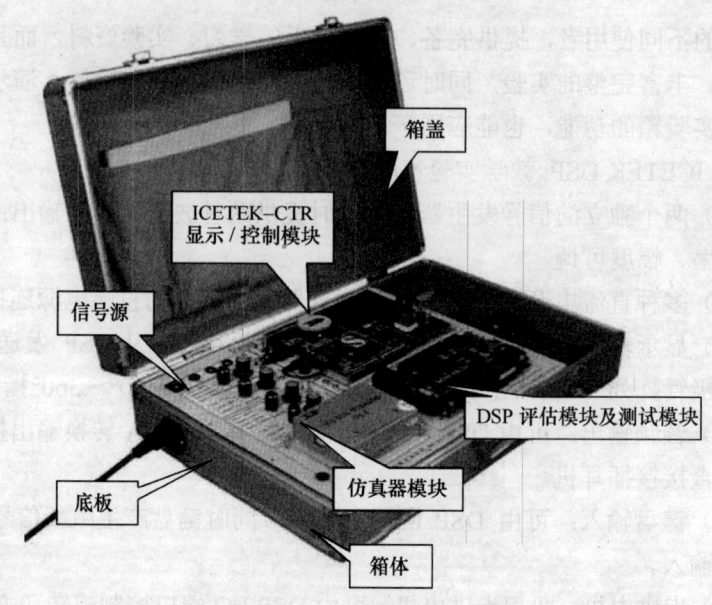

图 3-0-5　ICETEK DSP 教学实验箱的组成

（4）信号源：两组、四路输出，可使用专门开关启动；提供切换选择输出方波、三角波和正弦波，另可选择输出频率范围（10～100Hz，100Hz～1kHz，1～10kHz，10～100kHz），还可进行频率和幅度（0～3.3V）的微调。

（5）仿真器模块：固定 ICETEK 仿真器，支持 PP 型和 USB 型；提供 PP 型仿真器供电 5V 电源插座；仿真器可从底板上拆下更换。

（6）显示/控制模块：通过信号线连接到底板；从底板提供的 5V 和 12V 直流电源插座输入电源；提供液晶图形显示（128×64 像素），发光二极管阵列显示（8×8 点），指示灯（12 只，分为红、黄、绿三种颜色），四相步进电机，直流电机，键盘（外接 PSII 接口），蜂鸣器。显示控制模块可从底板上拆下更换。

（7）测试模块：提供对常用信号的测试点，其中有 PWM 信号（4 路，仅针对 DSP 系统为 ICETEK-LF2407-A 的实验箱）、A/D 转换信号（4 路）、和 D/A 转换信号（4 路），另外还包括两个地线（DGND、AGND）。

（8）DSP 评估板模块：固定各种 DSP 评估板；提供 5V 直流电源插座（两个位置）；34Pin 信号线插座（4 个）和 36Pin、26Pin 信号线插座，用于连接 DSP 评估板和实验箱底板。DSP 评估板模块可从底板上拆下更换。

4．ICETEK DSP 教学实验箱性能指标

（1）直流电源：+5V（5A），+12V（1A），−12V（0.5A），地

（2）信号源（A、B）：

① 双路输出。

② 频率范围：分为 4 段(10～100Hz，100Hz～1kHz，1～10kHz，10～100kHz)，可通过拨动开关进行选择。

③ 频率微调：在每个频率段范围内进行频率调整。

④ 波形切换：提供 3 种波形（方波，三角波，正弦波），可通过拨动开关进行选择。

⑤ 幅值微调：0～3.3V 平滑调整。

（3）信号接插孔：4 路 A/D 转换信号输入(ADCIN0～ADCIN3)，4 路 D/A 转换信号输出（DACOUT1～DACOUT4），每路均提供信号和地。

（4）显示/控制模块(可选)：

① 液晶显示（LCD）：128×64 点阵图形显示屏，可调整显示对比度。

② 发光二极管显示阵列：8×8 点阵。

③ 发光二极管。

④ 蜂鸣器。

⑤ 步进电机：四相八拍，步距角 5.625°，起动频率≥300pps，运行频率≥900pps。

⑥ 直流电机：空载转速 3050 r/min，输出功率 1.35W，起动力矩 21.3N。

⑦ 键盘：PSII 接口，标准键盘。

⑧ 拨动开关（DIP）：4 路，可实现复位和设置 DSP 应用板参数。

（5）电源输入：220V 交流。

实验一　常用指令实验

一、实验目的

1. 熟悉常用的代数汇编指令。
2. 熟悉单步运行的调试方法。
3. 熟悉在调试环境下观察指令的执行结果。

二、实验设备

计算机，ICETEK-VC5416-EDU 实验箱。

三、实验任务

1. 立即数载入指令

立即数载入指令包括：

（1）累加器 A、B 载入立即数。

（2）存储器映射寄存器（Memory-Mapped Register，MMR）载入立即数，如图 3-1-1 所示。

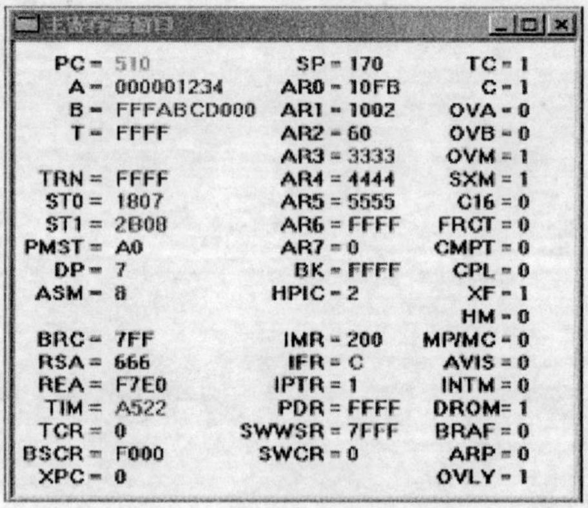

```
PC = 510          SP = 170        TC = 1
 A = 000001234    AR0 = 10FB       C = 1
 B = FFFABCD000   AR1 = 1002      OVA = 0
 T = FFFF         AR2 = 60        OVB = 0
                  AR3 = 3333      OVM = 1
TRN = FFFF        AR4 = 4444      SXM = 1
ST0 = 1807        AR5 = 5555      C16 = 0
ST1 = 2B08        AR6 = FFFF      FRCT = 0
PMST = A0         AR7 = 0         CMPT = 0
 DP = 7           BK = FFFF       CPL = 0
ASM = 8           HPIC = 2         XF = 0
                                   HM = 0
BRC = 7FF         IMR = 200     MP/MC = 0
RSA = 666         IFR = C         AVIS = 0
REA = F7E0        IPTR = 1        INTM = 0
TIM = A522        PDR = FFFF      DROM = 1
TCR = 0           SWWSR = 7FFF    BRAF = 0
BSCR = F000       SWCR = 0         ARP = 0
XPC = 0                           OVLY = 1
```

图 3-1-1　主寄存器窗口示例

（3）ASM 载入立即数。ASM 是状态寄存器 ST1 的 4～0 位；ASM 的取值范围：–16～15。

（4）DP 载入立即数。DP 是状态寄存器 ST0 的 8~0 位，作为数据空间直接寻址时地址的高 9 位（A15~A7）。

程序如下：
A=#1234h
B=#0ABCDh<<12
RSA=#0666h
mmr(1ah)=#7FFh
AR3=#3333h
AR4=#4444h
AR5=#5555h
ASM=#8
DP=#7

2. 直接寻址方式下的数据存取

对数据空间的直接寻址采用以下两种方式：(1) CPL=0，有效地址 DP:dma；(2) CPL=1，有效地址为 SP + dma。

方式（1）以语句@22=a 为例。因为 DP=#04H 和 dma=22=16H，所以有效地址为 DP:dma=04H:22 = 000000100　0010110 b= 0216 h。图 3-1-2 所示显示了语句@22=a 的运行结果。方式（2）以语句@5Fh=#0ACDCh 为例。因为 SP=#1c00H 和 dma=5FH，所以有效地址为 SP+dma=1c5FH。图 3-1-2 所示显示了语句@5Fh=#0ACDCh 的运行结果。

CPL=0
a=#1234h
DP=#04H
b=@20
@22=a
a=a+#9ah
DP=#09H
@25=a
A=#1234h
DP=#8
@38h=A
@3AH=#365h
CPL=1
SP=#1c00h
@5Fh=#0ACDCh

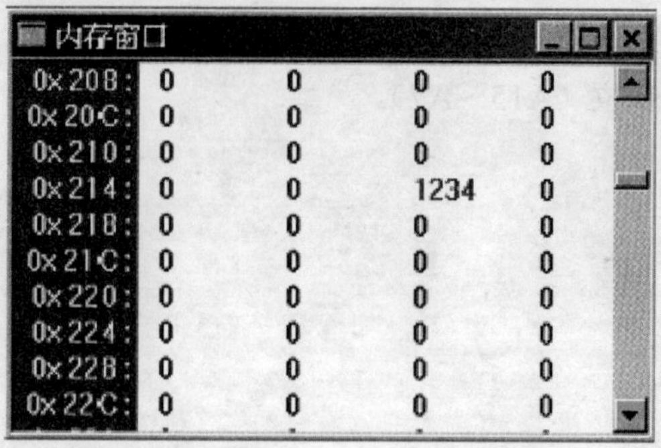

```
┌─ 内存窗口 ──────────── _ □ ×┐
│ 0x208 :   0    0    0    0  │
│ 0x20C :   0    0    0    0  │
│ 0x210 :   0    0    0    0  │
│ 0x214 :   0    0   1234   0 │
│ 0x218 :   0    0    0    0  │
│ 0x21C :   0    0    0    0  │
│ 0x220 :   0    0    0    0  │
│ 0x224 :   0    0    0    0  │
│ 0x228 :   0    0    0    0  │
│ 0x22C :   0    0    0    0  │
└─────────────────────────────┘
```

图 3-1-2　运行结果

3. 间接寻址方式下的数据存取

在本部分中，只介绍间接寻址中的单操作数存储器寻址。这种寻址方式利用辅助寄存器 ARx（x=0,1,2,3,4,5,6,7）对数据存储空间进行访问。数据空间的地址被存储在 ARx 当中，ARx 加星号（*）前缀表示的是 ARx 中地址所指向的存储器单元。保存在 ARx 中的地址在对存储单元访问前/后可以进行修改，具体有 15 种修改方式。

  （1）*Arx　　　　　　—访问后 ARx 中地址不变
  （2）*Arx–　　　　　 —访问后 ARx 中地址减 1
  （3）*ARx+　　　　　—访问后 ARx 中地址加 1
  （4）*+ARx　　　　　—访问前 ARx 中地址加 1
  （5）*ARx–0　　　　 —访问后 ARx 中地址减去 AR0 中的值
  （6）*ARx+0　　　　 —访问后 ARx 中地址加上 AR0 中的值
  （7）*ARx–0B　　　　—访问后 ARx 中地址减去 AR0 中的值，并反向进位
  （8）*ARx+0B　　　　—访问后 ARx 中地址加上 AR0 中的值，并反向进位
  （9）*ARx–%　　　　 —访问后 ARx 中地址减 1，并循环寻址
  （10）*ARx–0%　　　 —访问后 ARx 中地址减去 AR0 中的值，并循环寻址
  （11）*Arx+%　　　　—访问后 ARx 中地址加 1，并循环寻址
  （12）*ARx+0%　　　 —访问后 ARx 中地址加上 AR0 中的值，并循环寻址
  （13）*ARx(lk)　　　 —访问地址为 ARx 中地址加上立即数 lk，访问后 ARx 不变
  （14）*+ARx(lk)　　　—访问前 ARx 中地址加上立即数 lk
  （15）*+ARx(lk)%　　—访问后 ARx 中地址加上立即数 lk，并循环寻址

下面对程序本身进行说明。
  （1）TS 是 T 寄存器中存放的移位值。
  （2）语句 AR3=#2000h 和语句 *AR3 = #0ac01h 完成了向地址为 2000h 的

数据单元存放数据 ac01h。

（3）语句 T=#8 和 B=*AR3–<<TS 将 2000h 中的数据左移 12 位后载入累加器 B 中，而且 AR3 中的地址值减一，成为 1FFFh。

（4）语句*AR3+0=#1111h 到语句 *AR3(#16)=#5555h 执行结果。

程序清单如下：
AR3=#2000h
*AR3 = #0ac01h
T=#8
B=*AR3–<<TS
AR2=#023AH
*AR2+ = #999AH
*+AR2 = A << 7
AR0=#8
AR3=#1200h
*AR3+0=#1111h
*AR3+0=#2222h
*AR3+0=#3333h
*AR3(#16)=#5555h
AR4=#266ah
*AR4=#8848h
A=*AR4+0B <<12
*AR4= #9911h
B=#025Ah
*AR2+0% = B << 4

4．加减运算

关于加减运算的具体指令在此不做详细说明，此处主要说明与加减运算有关的问题。

（1）ST1 中符号扩展模式位 SXM(Sign eXtension Mode bit)的设置及其对加减运算的影响。SXM=0,符号不扩展；SXM=1，符号扩展。

（2）ALU 运算模式位 C16 的设置及其对加减运算的影响。C16=0，双精度（32 位）运算 ；C16=1，双 16 位运算。

程序清单如下：
    .global start ；定义全局标号
    .mmregs
    .text

```
start:   AR3=#2000H
         *AR3=#0F117h
         AR5=#2500H
         *AR5=#0a866h
         AR4=#2501H
         *AR4=#3124h
         ASM=# –8
         ;-------- SXM --------------
         SXM=1
         A=#0ABCDH                      ; A=FF FFFF ABCD h
         A = A +#8ADEH                  ; A=FF FFFF 36AB h     C=1
         A= A – #9ACDH<<16              ; A=00 6532 36AB h
         B=#0c69Eh                      ; B=FF FFFF C69Eh
         B= A – *AR5                    ; B=00 6531 B6ACh
         SXM=0
         A = #07ab8h<<16                ; A=00 7ab8 0000h
         A = A + #4adeh                 ; A=00 7ab8 4adeh
         A = A – #8ADEH<<16             ; A=FF EFDA 4ADE h
         ;-------------------------- C16 --------------------------------------
         SXM=1
         C16=0
      A= A + *AR3<<12 ; A=FF EFDA 4ADEh  + FF FF11 7000h =FF EEEB BADEh
      A =dbl(*AR5)–A; A= FF A866 3124h – FF EEEB BADEh = FF B97A 7646 h
      B = B + *AR3 + CARRY              ; B=00 6533 7F5C h
      A = A – *AR5 – BORROW             ; A=FF B979 CDDFh
      A = A+UNS(*AR5+); A= FF B979 CDDFh+ uns( FF FFFF A866h)= FF B97A
7645h
         T = #1234H                     ; T=1234h
         B=DADST(*AR5,T)                ;B= FF BA9A 4358 h
         C16=1
         A= A + DBL(*AR5)               ; A=FF 61E0 1769 h
         T=#7654H
         A=DSADT(*AR5,T)                ; A=FF 3212 A778 h
         A= DBL(*AR5) –A                ; A= 00 7654 89AC h
```

```
            *AR3+ = HI(B)
            || B = A + *AR5+0% <<16          ; B= 00 1EBA 89AC h
            *AR5– = HI(A)
            || A = *AR3– << 16 – B           ; A=FF F14D 7654 h
            .end
```

5．逻辑运算

程序清单如下：

AR2=#3000h

A=#1234h

*AR2=#6789h

A= A & *AR2–

B= #8848h

A= A | B <<–6

A=#2365H

A = B ^ #5678h << 8

A= #0c837H

A=A+#997AH

A = B ^ #541eH <<16

6．移位

在本部分的程序中涉及的移位指令的语法和具体操作如下。

语法：　　dst = src << C SHIFT

操作：　　如果　　SHIFT < 0

　　　　　　那么　　(src((–SHIFT) –1)) → C

　　　　　　　　　　(src(39–0)) << SHIFT → dst

　　　　　　如果　　SXM = 1

　　　　　　那么　　(src(39)) → dst(39–(39 + (SHIFT + 1)))

　　　　　　否则　　0 → dst(39–(39 + (SHIFT + 1)))

　　　　　　否则　　(src(39–SHIFT)) → C

　　　　　　　　　　(src) << SHIFT → dst

　　　　　　　　　　0 → dst((SHIFT–1)–0)

语法：　　dst = src <<< SHIFT　（SHIFT 的取值在–16～15 之间）

操作：　　如果　　SHIFT < 0，

　　　　　　那么　　src((–SHIFT) –1) → C

　　　　　　　　　　src(31–0) << SHIFT → dst

　　　　　　　　　　0→ dst(39–(31 + (SHIFT + 1)))

如果　　SHIFT = 0
那么　　0 → C
如果　　SHIFT > 0,
那么　　src(31–(SHIFT –1))→ C
　　　　src((31–SHIFT) –0) << SHIFT→ dst
　　　　0 → dst((SHIFT –1)–0)
　　　　0→ dst(39 –32)

语法　src=src\\CARRY
操作：（C）→ src(0)　　　　　　　　;进位位 C 的内容移至累加器的 LSB
　　　(src(30–0)) → src(31–0)　　;累加器的 0～30 位依次左移 1 位
　　　(src(31))→ C　　　　　　　　;累加器的 MSB 移至进位位
　　　0→src(39–32)　　　　　　　 ;累加器的保护位清零

语法：src=src//CARRY
操作：　（C）→ src(31)　　　　　　;进位位 C 的内容移至累加器的 LSB
　　　(src(31–1)) → src(30–0)　　;累加器的 31～1 位依次右移 1 位
　　　(src(0))→ C　　　　　　　　 ;累加器的 MSB 移至进位位
　　　0→src(39–32)　　　　　　　 ;累加器的保护位清零

语法：roltc(src)
操作：（TC）→ src(31)　　;测试/控制位 TC 的内容移至累加器的 LSB
　　　(src(30–0)) → src(31–1)　　;累加器的 30～0 位依次左移 1 位
　　　(src(31))→ C　　　　　　　 ;累加器的 MSB 移至进位位
　　　0→src(39–32)　　　　　　　;累加器的保护位清零

语法：shiftc(src)
操作：若 (src) = 0，则 1 → TC
　　　否则，若 (src(31)) XOR (src(30)) = 0
　　　则（两个有效符号位）0→ TC；(src) << 1 → src
　　　否则（仅有一个符号位），1 →TC

程序清单如下：
SXM=0
A=#684Fh
A=A+#0EDC9h
B=#1204h
B=B+#05d9aH
C=1
A=A\\CARRY

实验一 常用指令实验

```
C=0
A=A\\CARRY
ROLTC(A)
SXM=1
B=B + #1234H
B=B//CARRY
B=#0C000H<<16
SXM=0
B=B+#0efcdH
B=B//CARRY
A = B <<C (–5)
B = B <<C (5)
B= B+#2347H
A=A+#697AH
SHIFTC(A)
A= A+ #0aacdH
SHIFTC(A)
A = B <<< –12
B = A <<< 12
A = B <<< 12
```

7. 乘法运算

程序清单如下：

```
AR5=#2000H
*AR5=#49A6H
FRCT=0
SXM=1
T=#6789h
A= T * *AR5+
A= T * #4000H
A=#1234<<16
B= T * HI(A)
A= T * uns(*AR5–)
B= T * *AR3+
FRCT=1
SXM=1
```

OVM=1
T = #0C000H
B = T * *AR5+
B=RND(T * *AR3+)
A= B+ T * #3876H
A= RND(A + T * *AR5+)
A=#2000H<<16
B=*AR3– * #2000H,T=*AR3–
B=*AR5– * HI(A)
A=B + *AR3+ * #1000H,T=*AR3+
B=B – *AR5+ * HI(A),T=*AR5+
A= *AR3– * *AR3–
B= B – *AR5– * *AR5–,T=*AR5–

四、实验步骤

实验中的 7 个常用指令小实验都不需要接信号源，接线较为简单，只要把开发板的+5V 电源线和 USB 电缆连接好即可。这里以"立即数载入指令"为例说明实验步骤，其他实验可依此类推。

1. 确认接线连接无误后，打开实验箱的电源，运行 CCS 程序，可载入实验例程，本例为实验一的"立即数载入指令"实验程序。所有实验例程的起始地址都是 0x500，载入后可在反汇编窗口看到地址为 0x500 的指令是黄色。点击主菜单"窗口"项，打开"主寄存器窗口"，此时可看到：

PC =   500
A =   000000000
B =   000000000
……

2. 点击单步图标，程序执行第一条指令：A = #1234h <<0，此时在主寄存器窗口中可以观察到 A 寄存器的值已经变成了"000001234"。继续单步执行程序，可以观察到相应寄存器和存储器值的改变，直到程序结束。注意，各窗口中的值均是十六进制数，观察存储器值的变化应打开"存储器窗口"，并正确选择其地址。在实验过程中，要将指令执行前后寄存器或存储器的判断值与观察到的实际值相比较，若有出入，应找出自己判断出错的原因。

五、思考题

试总结 TI DSP 汇编语言的特点。

实验二 模数转换实验

一、实验目的

1. 掌握 A/D 转换的基本过程。
2. 熟悉 ICETEK-VC5416-A 板上使用 ADS7864 技术指标和操作方法。

二、实验设备

计算机，ICETEK-VC5416-EDU 实验箱。

三、实验参考原理

1. ADS7864 模数转换模块特性

ADS7864 是 TI 公司的一种 500K、12 位、6 通道模数转换芯片。每通道信号可采用插分方式输入。ICETEK-VC5416-A 板上使用的方式是非插分方式，即所有 IN−端均与参考地相接，输入信号的范围为 0~+5V。由于 ADS7864 芯片为 5V 器件，而 5416DSP 为 3.3V 器件，所以在进行硬件连接设计时采用电平转换芯片对信号线和数据线进行隔离。

ICETEK-VC5416-A 板上将 ADS7864 的控制映射到 I/O 空间，使用 I/O 空间地址 2H 传送数据，3H 进行通道选择，4H 发送转换信号。由于 ADS7864 的 6 个通道转换是分成 3 路完成的（A、B、C），在每个转换周期可选择启动 2、4、6 个转换通道，选择的方法是在 3H 地址的相应位上置低电平。3H 地址输出的最低位（第 0 位）控制 A 路，次低位（第 1 位）控制 B 路，第 2 位控制 C 路，所以如果需要采集 A0 和 A1 两路信号，则可在 3H 地址上输出 6（110b）、B0 和 B1 输出 5（101b），C0 和 C1 输出 3（011b）。

以下是控制字同相应选择通道的列表。

06H: A0,A1   04H: A0,A1,B0,B1   00H: A0,A1,B0,B1,C0,C1
05H: B0,B1   01H: B0,B1,C0,C1   03H: C0,C1   02H: A0,A1,C0,C1

如果只需要进行单通道的转换，可以只进行 1 路输入而保存相应通道的数据即可。

2. 模数转换工作过程

（1）模数转换模块接到启动转换信号后，按照设置进行相应通道的数据采样转换。

(2) 经过一个采样时间的延迟后,将采样结果放入相应通道的 FIFO 保存。

(3) 转换结束,设置标志。

(4) 等待下一个启动信号。

3. 模数转换的程序控制

模数转换相对于计算机来说是一个较为缓慢的过程。一般采用中断方式启动转换或保存结果,这样在 CPU 忙于其他工作时可以少占用处理时间。设计转换程序应首先考虑处理过程如何与模数转换的时间相匹配,根据实际需要选择适当的触发转换的手段,也要能及时地保存结果。

由于 ADS7864 芯片的 A/D 转换精度是 12 位的,转换结果的最高位表示转换值是否有效(1 有效),第 14～12 位表示转换的通道号,低 12 位为转换数值,所以在保留时应注意取出结果的低 12 位,再根据高 4 位进行相应保存。

四、实验任务

1. 实验准备

(1) 连接设备

关闭计算机和实验箱电源。

检查 ICETEK-VC5416-A 板上拨动开关 MP/MC 的位置,应设置在 MP 位置(靠近复位按钮一侧),即设置 DSP 工作在 MP 方式。

用实验箱附带的信号连接线(两边均为单声道耳机插头)连接第一信号源的波形输出端到"A/D 输入"的 ADCIN2 插座;用信号连线连接第二信号源的输出端到"A/D 输入"的 ADCIN3 插座;如只使用 VC5416 评估板,请连接信号源的输出端到板上"ADCIN1";用信号连线连接第二信号源的输出端到"ADCIN2"。

关闭实验箱上三个开关。

(2) 开启设备

打开计算机电源。

打开实验箱全部电源开关,包括两个信号源及 ctr 控制模块的电源。

注意:ICETEK-VC5416-A 板上指示灯 D1 和 D2 亮。

用附带的 USB 电缆连接计算机和仿真器相应接口,注意仿真器上两个指示灯均亮。

(3) 设置 Code Composer Studio 为 Emulator 方式

(4) 启动 Code Composer Studio

双击桌面上"CCS 2(C5000)"图标,启动 Code Composer Studio 2.0。

2. 打开工程并浏览程序

实验二 模数转换实验

（1）打开菜单"Project"的"Open"项，选择 C:\ICETEK-VC5416-EDULab\Lab09-AD 目录中的"adc.pjt"。

（2）在项目浏览器中，双击 ad.c，激活 ad.c 文件，浏览该文件的内容，理解各语句作用。打开 ad.cmd，浏览并理解各语句作用。

3．编译工程

单击"Project"菜单"Rebuild All"项，编译工程中的文件，生成 adc.out 文件。

4．下载程序

单击"File"菜单，"Load program…"项，选择 C:\ICETEK-VC5416-EDULab\Lab09-AD\Debug 目录中的 adc.out 文件，通过仿真器将其下载到 5416 DSP 上。

5．打开观察窗口

（1）选择菜单"View"、"Graph"、"Time/Frequency…"做如图 3-2-1 所示设置，然后单击"OK"按钮。

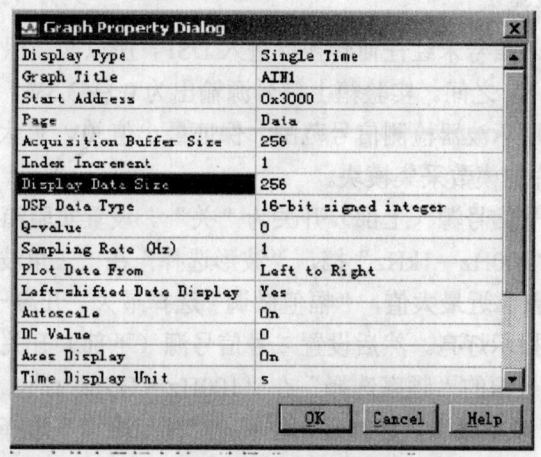

图 3-2-1 菜单设置一

（2）在弹出的图形窗口中单击鼠标右键，选择"Clear Display"。

（3）选择菜单"View"、"Graph"、"Time/Frequency…"做如图 3-2-2 所示设置，然后单击"OK"按钮。

（4）在弹出的图形窗口中单击鼠标右键，选择"Clear Display"。

（5）在有"软中断位置"注释的语句上加上软件跟踪断点（Toggle Breakpoint），即鼠标左键单击该语句后按 F9 键。

通过设置，打开了两个图形窗口观察两个通道模数转换的结果。

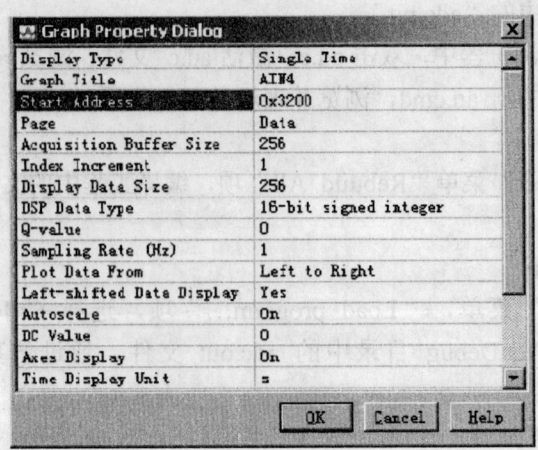

图 3-2-2 菜单设置二

6. 设置信号源

由于模数输入信号未经任何转换就进入 DSP，所以必须保证输入的模拟信号的幅度在 0~+5V 之间。实验箱上信号源输出为 0~+3.3V。但如果使用外接信号源，则必须用示波器检测信号范围，保证最小值 0V 最大值+5V，否则容易损坏 DSP 芯片的模数采集模块。

首先设置一号信号源（上部）开关为"关"。设置实验箱上一号信号源的"频率选择"在"100Hz~1kHz"挡，"波形选择"在"三角波"挡，"频率微调"选择较大位置靠近最大值，"幅值微调"选择最大。开启一号信号源开关，一号信号源电源指示灯亮。然后设置二号信号源（下部）开关为"关"。设置实验箱上二号信号源的"频率选择"在"100Hz~1kHz"挡，"波形选择"在"正弦波"挡，"频率微调"选择适中位置，"幅值微调"选择最大。开启二号信号源开关，二号信号源电源指示灯亮。

7. 运行程序观察结果

（1）单击"Debug"菜单，"Run"项，运行程序。

（2）当程序停在所设置的软件断点上时，观察"AIN1"、"AIN2"窗口中的图形显示。用示波器探头测试相应测试点的波形，观察是否与屏幕上得到的波形一致。

（3）适当改变信号源的四个调节旋钮的位置，按 F5 键再次运行到断点位置，观察图形窗口中的显示。注意：输入信号的频率不能大于 7.5kHz，否则会引起混叠失真，而无法观察到波形，如果有兴趣，可以试着做一下，观察采样失真后的图形。

实验二 模数转换实验

8. 停止运行结束实验
9. 实验结果

用实验中的设置,可以看到如图 3-2-3 所示的结果。

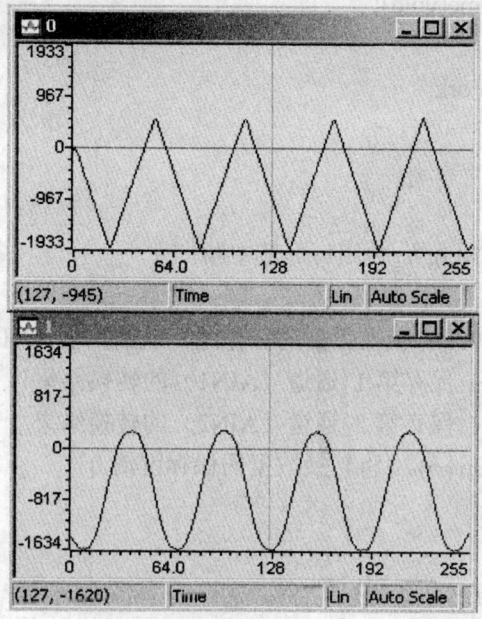

图 3-2-3　实验结果

实验现象分析:由于 ICETEK-VC5416-EDU 实验箱所提供的信号源是 0~3.3V 的,而 ICETEK-VC5416-A 板上的 A/D 转换信号范围为 0~5V,所以转换结果未能达到全部对称的范围。

五、实验参考程序

本实验程序采用中断程序设计,用 C 语言编写,定时器设置采样时间为 15.625kHz(64μs),采样通道设置为 A0 和 A(ICETEK-VC5416-EDU 实验箱上 ADCIN2 和 ADCIN3)。

```
#defineTIM *(int *)0x24
#definePRD *(int *)0x25
#defineTCR *(int *)0x26
#defineIMR *(int *)0x0
#defineIFR *(int *)0x1
#definePMST *(int *)0x1d
ioport unsigned int port3,port4,port2;
```

```c
#define AD_DATA port2
#define AD_SEL port3
#define AD_HOLD port4
void interrupt time(void);
int *ptr,k;
unsigned int uWork;
main()
{
int i,j;
asm(" ssbx INTM"); // 关闭可屏蔽中断
k=0;
ptr=(int *)0x3000; // 转换数据的保存区,从数据区 3000H 开始
// 3000H-3200H 保存第 1 通道（AIN1）的转换结果
// 3200H-3400H 保存第 2 通道（AIN2）的转换结果
for(i=0;i<0x400;i++) // 将转换数据的保存区清 0
*(ptr+i)=0;
j= PMST;
PMST = j&0xff;
IMR = 0x8;
TCR = 0x412; // 计数器分频系数=2
TIM = 0;
PRD = 0x100; // 定时器周期=256,采样周期=周期*分频系数*时钟周期
TCR = 0x422; // =512 时钟=64 μs
IFR = 0x100; // 其中,时钟周期为 8MHz
AD_SEL=6; // 通道选择 A0, A1
asm(" rsbx INTM"); // 开中断进行转换
while ( 1 );
}
// 定时器中断服务程序,完成:保存转换结果、启动下次转换
void interrupt time(void)
{
uWork=AD_DATA; // 从 FIFO 中读取转换结果
uWork&=0x0fff; // 去掉高 4 位
*(ptr+k)=uWork; // 保存结果
uWork=AD_DATA; // 从 FIFO 中读取转换结果
```

实验二 模数转换实验

```
uWork&=0x0fff; // 去掉高4位
*(ptr+0x200+k)=uWork; // 保存结果
k++;
if ( k>=0x200 )
{
k=0; // 软中断位置
}
AD_HOLD =0; // 送转换信号
for ( uWork=0;uWork<10;uWork++ );
AD_HOLD=1;
}
```

六、思考题

请修改实验程序，实现采样频率为200kHz的转换。

实验三　有限冲击响应滤波器（FIR）算法实验

一、实验目的

1. 掌握用窗函数法设计 FIR 数字滤波器的原理和方法。
2. 熟悉线性相位 FIR 数字滤波器特性。
3. 了解各种窗函数对滤波器特性的影响。

二、实验设备

计算机，ICETEK-VC5416-EDU 实验箱。

三、实验参考原理

1. FIR 的原理和参数生成公式

（1）N 阶有限冲激响应滤波器（FIR）公式：$N=0,1,2,\cdots$

$$y(n) = \sum_{k=0}^{N/2-1} h(k)[x(n-k) + x(n-(N-1+k))] \qquad (3\text{-}3\text{-}1)$$

（2）FIR 设计原理：根据系数 h 是偶对称，为了简化运算，产生如下计算方法：如果一个 FIR 滤波器有一个冲激响应，$h(0), h(1), \cdots, h(N-1)$ 和 $x(n)$ 描绘输入的时常滤波为 n，则输出滤波 $y(n)$ 为以下方程式

$$y(n) = h(0)x(n) + h(1)x(n-1) + h(2)x(n-2) + \cdots + h(N-1)x(1) \qquad (3\text{-}3\text{-}2)$$

2. 程序的自编函数及其功能

（1）.global start,fir　设定全局变量。

（2）COFF_FIR_START:.sect "coff_fir"
.include "lowpass.inc"　（设定系数文件）

提示："lowpass.inc"提供低通系数，用户可参照说明手册最后的练习实现高通及带通。

（3）K_FIR_BFFR .set 32　（滤波阶数）

（4）d_filin　（存放输入波形）

（5）d_filout　（存放输出波形）

```
uWork&=0x0fff; // 去掉高 4 位
*(ptr+0x200+k)=uWork; // 保存结果
k++;
if ( k>=0x200 )
{
k=0; // 软中断位置
}
AD_HOLD =0; // 送转换信号
for ( uWork=0;uWork<10;uWork++ );
AD_HOLD=1;
}
```

六、思考题

请修改实验程序，实现采样频率为 200kHz 的转换。

实验三　有限冲击响应滤波器（FIR）算法实验

一、实验目的

1. 掌握用窗函数法设计 FIR 数字滤波器的原理和方法。
2. 熟悉线性相位 FIR 数字滤波器特性。
3. 了解各种窗函数对滤波器特性的影响。

二、实验设备

计算机，ICETEK-VC5416-EDU 实验箱。

三、实验参考原理

1. FIR 的原理和参数生成公式

（1）N 阶有限冲激响应滤波器（FIR）公式：$N=0,1,2,\cdots$

$$y(n) = \sum_{k=0}^{N/2-1} h(k)[x(n-k) + x(n-(N-1+k))] \qquad (3\text{-}3\text{-}1)$$

（2）FIR 设计原理：根据系数 h 是偶对称，为了简化运算，产生如下计算方法：如果一个 FIR 滤波器有一个冲激响应，$h(0), h(1), \cdots, h(N-1)$ 和 $x(n)$ 描绘输入的时常滤波为 n，则输出滤波 $y(n)$ 为以下方程式

$$y(n) = h(0)x(n) + h(1)x(n-1) + h(2)x(n-2) + \cdots + h(N-1)x(1) \quad (3\text{-}3\text{-}2)$$

2. 程序的自编函数及其功能

（1）.global start,fir　设定全局变量。

（2）COFF_FIR_START:.sect "coff_fir"

.include "lowpass.inc"　（设定系数文件）

提示："lowpass.inc"提供低通系数，用户可参照说明手册最后的练习实现高通及带通。

（3）K_FIR_BFFR .set 32　（滤波阶数）

（4）d_filin　（存放输入波形）

（5）d_filout　（存放输出波形）

(6) 指定寄存器：指定 AR4 为 FIR_DATA_P 数据寄存器；指定 AR6 为 INBUF_P 输入数据寄存器；指定 AR7 为 OUTBUF_P 输出数据寄存器。

(7) 汇编程序部分说明

start 部分：程序初始化部分指定寄存器，清空寄存器。

fir_loop 部分：循环调入输入数据，并调用子程序 fir 进行计算。

main_end 部分：跳转至循环部分。

fir 部分：子程序部分。

四、实验任务

1．实验准备

(1) 连接设备

关闭计算机和实验箱电源。检查 ICETEK VC5416-A 板上 DIP 开关 MP/MC 的位置，应设置在"OFF"位置（靠近复位按钮一侧），即设置 DSP 工作在 MP 方式。关闭实验箱上三个开关。

(2) 开启设备

打开计算机电源。

打开实验箱全部电源开关，包括两个信号源及 ctr 控制模块的电源。

注意：ICETEK-VC5416-A 板上指示灯 D1 和 D2 亮，ICETEK-CTR 板上 J2、J3 灯亮。

用附带的 USB 电缆连接计算机和仿真器相应接口，注意仿真器上两个指示灯亮。

(3) 设置 Code Composer Studio 为 Emulator 方式

(4) 启动 Code Composer Studio 2.0

2．打开工程，浏览程序，工程目录为 C:\ICETEK-VC5416-EDULab\Lab18-FIR

3．编译并下载程序

4．打开观察窗口

(1) 选择菜单"View"、"Graph"、"Time/Frequency…"进行如图 3-3-1 所示的设置。

(2) 在弹出的图形窗口中单击鼠标右键，选择"Clear Display"。

5．设置断点

(1) 在标号"fir_loop"下面的"NOP"语句设置软件断点（Toggle breakpoint）和探针（ToggleProbe Point）。

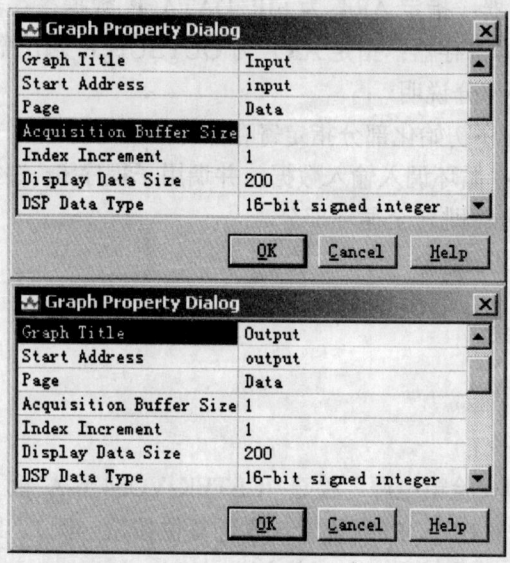

图 3-3-1　菜单设置

（2）选择菜单"File"、"File I/O…"；单击"Add File"按钮，选择 C:\ICETEK-VC5416-EDULab\Lab18-FIR\lowpass\64300.dat 文件，单击"打开"按钮；在"Adress"中输入 d_filin，在"Length"中输入 1；在"Warp Around"项前面加上选中符号；单击"Add Probe Point"按钮。

（3）单击"Probe Point"列表中的"FIR.asm line 38"行；在"Connect"项选择"FILE IN:C:\..\64300.dat"；单击"Replace"按钮；单击"确定"按钮。

（4）单击"确定"按钮。

6．运行并观察结果

（1）选择"Debug"菜单的"Animate"项，或按 F12 键运行程序。

（2）观察"Input"、"Output"窗口中时域图形；观察滤波效果。

（3）鼠标右键单击"Input"和"Output"窗口，选择"Properties…"项，设置"Display Type"为"FFT Magitude"，再单击"OK"按钮结束设置。

（4）按 F12 运行程序。

（5）观察"Input"、"Output"窗口中频域图形，理解滤波效果。

7．停止程序运行并退出。

五、实验结果

输入波形为一个低频的正弦波与一个高频的正弦波叠加而成。实验现象如图 3-3-2 所示。

实验三　有限冲击响应滤波器（FIR）算法实验　　　147

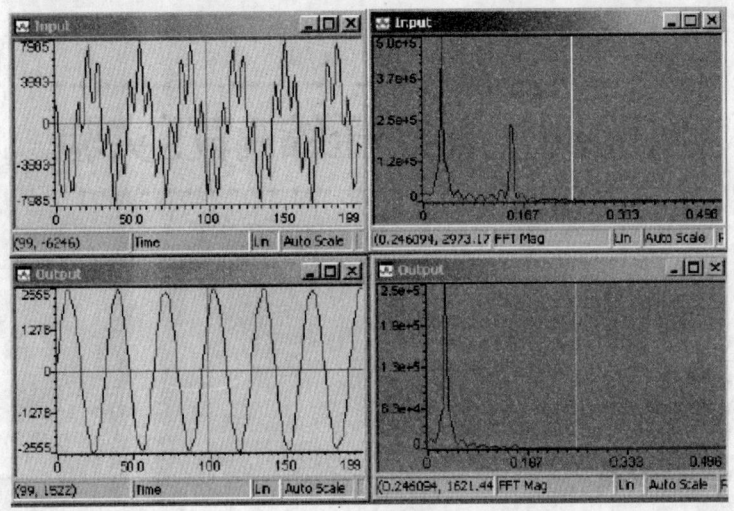

图 3-3-2　实验结果

通过观察频域和时域图，得知：输入波形中的低频波形通过了滤波器，而高频部分则被滤除。

六、思考题

试选用合适的高通滤波参数滤掉实验的输入波形中的低频信号。

实验四 A 律压缩/解压实验

一、实验目的

1. 了解 A 律压缩/解压缩的过程。
2. 熟悉 DSP 的查表方法和应用。

二、实验设备

计算机，ICETEK-VC5416-EDU 实验箱。

三、实验参考原理

输入模拟信号经 A/D 转换器采样、编码后形成 12 位一帧的码流进入 VC5416(DSP)的串口——McBSP0，并向 VC5416 的 CPU 发出中断请求（rint0）。A 律压缩就是将这些接收到的 12 位数据转换成 8 位的 A 律 PCM 码。A/D 转换器对双极性输入信号进行量化、编码的传输函数如图 3-4-1 所示。

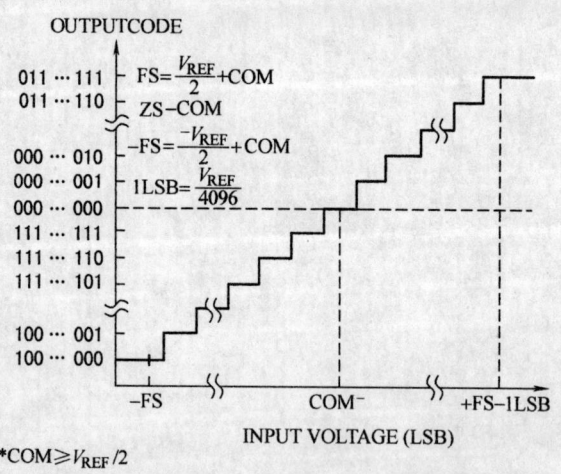

图 3-4-1 对双极性输入信号进行量化、编码的传输函数

由图 3-4-1 可见，A/D 转换器采用的是均匀量化和补码的编码形式。在进行 A 律压缩时，要保持符号位不变，原数据的后 11 位要压缩成 7 位。这 7 位码由 3 位段落码和 4 位段内码组成。具体的编译码表如表 3-4-1 所示。

实验四 A律压缩/解压实验

表 3-4-1 编译码表

11位码（十进制）	量阶	段落码（二进制）	段内码（二进制）
0～15	1	000	0000～1111
16～31	1	001	0000～1111
32～64	2	010	0000～1111
64～127	4	011	0000～1111
128～255	8	100	0000～1111
256～511	16	101	0000～1111
512～1023	32	110	0000～1111
1024～2047	64	111	0000～1111

四、实验任务

1. 正确连接信号及电源线，选取输入信号连接到实验板上。
2. 汇编 a_law.asm，产生目标文件 a_law.obj。
3. 运行 CCS，进入调试环境，载入 a_law.obj。
4. 运行程序之后暂停，打开图像窗口，将图形窗口设置为采样点 512、时域、自动标尺、数据类型 16 位整型。把图像窗口的起始位置设为 3000h，所观察到的是信号经过 A 律压缩后的结果，这时如果查看内存窗口会发现采样数据的有效字长已经从 12 位压缩到 8 位，从而减少了实际数据量；当把图像窗口的起始位置设为 5000h 时，观察到的是数据解压缩的结果，查看内存窗口可看到数据的有效字长从 8 位恢复成 12 位，实现了压缩数据的有效还原。

五、参考程序

数据经压缩后，放置在 3000h～3800h；解压数据放在 5000h～5400h A 律压缩表放在 4000h～4800h；A 律解压缩表放在 4900h～4980h。

程序清单如下：

```
        .width    80
        .length   55
        .title    "A_law"
        .mmregs
     .setsect ".text",0x500,0
      .setsect "vectors",0x180,0
      .setsect "var",0x60,1
    .setsect "stack",0x900,1
```

```
            .setsect "A_law",0x4000,1
            .setsect "unA_law",0x4900,1
            .nolist
            .sect "var"
tflag1      .word 0x0000
tflag2      .word 0x0000
address     .word 0x0000
access      .word 0x0000
TOS         .usect "stack",20h,15    ; define the stack to reside at location
BOS         .usect "stack",1h        ; location 27F0h
            .sect "vectors"
            .copy "vectors.asm"
            .sect "A_law"
            .copy "A_law "
            .sect "unA_law"
            .copy "unA_law "
            .text
start:
            intm = 1                 ; globally disable all interrupts
            pmst = #01a0h            ; set up iptr
            sp = #27F0h              ; init stack pointer.
            DP = #0                  ; set DP = 0
            tcr = #10h
            call    McBSPINIT        ; initialize McBSP0 and MAX1246
            @address=#3000h          ; starting addr. of the sample data buffer
            imr = #0210h             ; set up RINT and HPI INT
            intm = 0                 ; open all interupts
wait:   nop
        nop
        dp=#0
        b=@tflag2
        a=@tflag1
        b=b−a
        if(beq) goto    wait
        @tflag2=a
```

实验四 A律压缩/解压实验

```
part1:      ar2=#3000h          ;ar2->coded data buffer _part1( 3000h~3400h )
            ar3=#4900h          ;ar3->unA_law table( 4800h~ 4900h   )
            ar4=#5000h          ;ar4->decoded data buffer( 5000h~5400h)
            TC=( @tflag1== #1)
            if(TC) goto   part2   ;ar2->coded data buffer_part2( 3400h~ 3800h )
            nop
part2:      ar2=#3400h
            brc=#1023           ;set the repeating numbers
            blockrepeat(pro-1)
            b= *ar2+            ; load acc b with data in   "coded data buffer"
            a=#80h&b            ; get the sign of data
            b=b&#7fh            ; get the value of data
            if(aneq)   goto negval    ; negtive values
            b=b+#4900h          ; positive values
            goto Ln
negval:     b=b+#4980h
Ln:         data(ar3)=bl
            a=*ar3
            *ar4 + =data(al)
pro:
            goto wait
;------------McBSP0 Initialization Routine --------------------
            .copy "init.asm"
; ------------------------ RINT ------------------------------
RINT:
            push(ar3)
            push(ar2)
            push(bl)
            push(bh)
            push(bg)
            push(al)
            push(ah)
            push(ag)
            push(st0)
            push(st1)
```

```
              data(ar2)=@address
              b = mmr(21h)              ; load acc b with input
              b=b<<-4
              a=b&#800h                 ; get the sign bit
              b=b&#07FFh
              if(aneq) goto L1          ; negative values
              a=b+#4000h
              @access=prog(a)
              b=@access
              goto stor
      L1:     a=#4800h                  ;the end of A_law table
              a=a-b
              @access=prog(a)           ;
              b=@access                 ;
              b=#080h+b                 ;set the sign bit
      stor:   *ar2+ = data(bl)          ; store to rcv buffer
              b=#3400h
              b =b-@(ar2)
              if(bgt) goto ne1
              @tflag1=#1
              goto ne2
      ne1:    @tflag1=#0
      ne2:    TC = (@ar2 == #3800h)
              if (TC) goto restrt
              @address=data(ar2)
               goto endline
      restrt:    ar2 = #3000h
              @address=data(ar2)
      endline: st1=pop()
              st0=pop()
              ag=pop()
              ah=pop()
              al=pop()
              bg=pop()
              bh=pop()
```

bl=pop()
ar2=pop()
ar3=pop()
return_enable
.end

六、思考题

如何实现μ律压缩/解压缩的算法？

附   录

附录 1　MATLAB 基础

1.1　MATLAB 简介

MATLAB 是由美国 Mathworks 公司推出的用于数值计算和图形处理的计算系统环境,除了具备卓越的数值计算能力外,它还提供了专业水平的符号计算、文字处理、可视化建模仿真和实时控制等功能。MATLAB 的基本数据单位是矩阵,它的指令表达式与数学、工程中常用的形式十分相似,故用 MATLAB 来解算问题要比用 C、FORTRAN 等语言简捷得多。MATLAB 是国际公认的优秀数学应用软件之一。

MATLAB 是英文 Matrix Laboratory(矩阵实验室)的缩写。20 世纪 80 年代初期,Cleve Moler 与 John Little 等利用 C 语言开发了新一代 MATLAB 语言,此时的 MATLAB 语言已同时具备了数值计算功能和简单的图形处理功能。1984 年,Cleve Moler 与 John Little 等正式成立了 Mathworks 公司,把 MATLAB 语言推向市场,并开始了对 MATLAB 工具箱等的开发设计。1993 年,Mathworks 公司推出了基于个人计算机的 MATLAB 4.0 版本,到了 1997 年又推出了 MATLAB 5.X 版本(Release 11),并在 2000 年推出 MATLAB 6 版本(Release 12),2004 年 6 月正式推出 MATLAB 7.0 版本(Release 14),最新版本是 Mathworks 不久前推出的 MATLAB R2006a 产品。

概括地讲,整个 MATLAB 系统由两部分组成,即 MATLAB 内核及辅助工具箱,两者的调用构成了 MATLAB 的强大功能。MATLAB 语言以数组为基本数据单位,包括控制流语句、函数、数据结构、输入/输出及面向对象等特点的高级语言,它具有以下主要特点。

(1)运算符和库函数极其丰富,语言简洁,编程效率高。MATLAB 除了提供和 C 语言一样的运算符号外,还提供广泛的矩阵和向量运算符。利用其运算符号和库函数可使其程序相当简短,两三行语句就可实现几十行甚至几百行 C

或 FORTRAN 语言的程序功能。

（2）既具有结构化的控制语句（如 for 循环、while 循环、break 语句、if 语句和 switch 语句），又有面向对象的编程特性。

（3）图形功能强大。它既包括对二维和三维数据可视化、图像处理、动画制作等高层次的绘图命令，也包括可以修改图形及编制完整图形界面的、低层次的绘图命令。

（4）功能强大的工具箱。工具箱可分为两类：功能性工具箱和学科性工具箱。功能性工具箱主要用来扩充其符号计算功能、图示建模仿真功能、文字处理功能以及与硬件实时交互的功能。而学科性工具箱是专业性比较强的，如优化工具箱、统计工具箱、控制工具箱、小波工具箱、图像处理工具箱、通信工具箱等。

（5）易于扩充。除内部函数外，所有 MATLAB 的核心文件和工具箱文件都是可读可改的源文件，用户可修改源文件和加入自己的文件，它们可以与库函数一样被调用。

1.2　MATLAB 的开发环境

以 MATLAB 6 为例可以看到该环境的工作桌面由标题栏、菜单栏、工具栏、命令窗口（Command Window）、工作空间窗口（Workspace）、当前目录窗口（Current Directory）、历史命令窗口（Command History）及状态栏组成，从而为用户使用 MATLAB 提供了集成的交互式图形界面，如图附 1-1 所示。

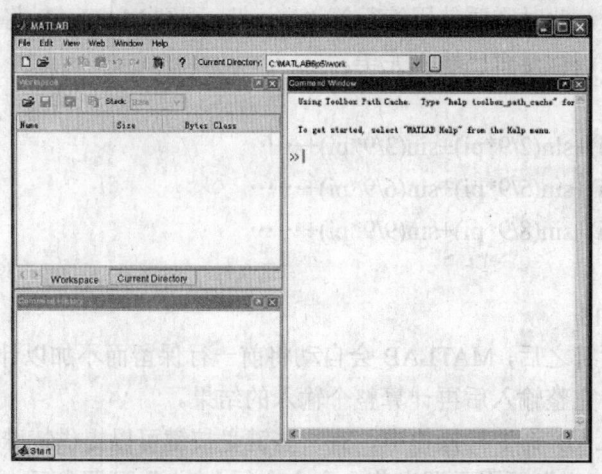

图附 1-1　MATLAB 的工作桌面

1.2.1　MATLAB 主窗口

MATLAB6 比早期版本增加了一个主窗口。该窗口不能进行任何计算任务的操作，只用来进行一些整体的环境参数的设置。

1.2.2 命令窗口（Command Window）

命令窗口是对 MATLAB 进行操作的主要载体，默认的情况下，启动 MATLAB 时就会打开命令窗口。一般来说，MATLAB 的所有函数和命令都可以在命令窗口中执行。在 MATLAB 命令窗口中，命令的实现不仅可以由菜单操作来实现，也可以由命令行操作来执行，下面就详细介绍 MALTAB 命令行操作。

实际上，掌握 MALAB 命令行操作是走入 MATLAB 世界的第一步，命令行操作实现了对程序设计而言简单而又重要的人机交互，通过对命令行操作，避免了编程序的麻烦，体现了 MATLAB 所特有的灵活性。

例如：

% 在命令窗口中输入 sin(pi/5)，然后单击回车键，则会得到该表达式的值

sin（pi/5）

ans=

    0.5878

由例可以看出，为求得表达式的值，只需按照 MALAB 语言规则将表达式输入即可，结果会自动返回，而不必像其他的程序设计语言那样，编制冗长的程序来执行。当需要处理相当繁琐的计算时，可能在一行之内无法写完表达式，可以换行表示，此时需要使用续行符"……"，否则 MATLAB 将只计算一行的值，而不理会该行是否已输入完毕。

例如：

sin(1/9*pi)+sin(2/9*pi)+sin(3/9*pi)+……

sin(4/9*pi)+sin(5/9*pi)+sin(6/9*pi)+……

sin(7/9*pi)+sin(8/9*pi)+sin(9/9*pi)+……

ans=

    5.6713

使用续行符之后，MATLAB 会自动将前一行保留而不加以计算，并与下一行衔接，等待完整输入后再计算整个输入的结果。

在 MATLAB 命令行操作中，有一些键盘按键可以提供特殊而方便的编辑操作。例如："↑"可用于调出前一个命令行，"↓"可调出后一个命令行，避免了重新输入的麻烦。当然下面即将讲到的历史窗口也具有此功能。

1.2.3 历史命令窗口（Command History）

历史命令窗口是 MATLAB6 新增添的一个用户界面窗口，默认设置下历史

命令窗口会保留自安装时起所有命令的历史记录,并标明使用时间,以方便使用者的查询。而且双击某一行命令,即在命令窗口中执行该命令。

1.2.4 当前目录窗口（Current Directory）

在当前目录窗口中可显示或改变当前目录,还可以显示当前目录下的文件,包括文件名、文件类型、最后修改时间以及该文件的说明信息等并提供搜索功能。

1.2.5 工作空间管理窗口（Workspace）

工作空间管理窗口是 MATLAB 的重要组成部分。在工作空间管理窗口中将显示所有目前保存在内存中的 MATLAB 变量的变量名、数据结构、字节数以及类型,而不同的变量类型分别对应不同的变量名图标。

1.3 MATLAB 帮助系统

完善的帮助系统是任何应用软件必要的组成部分。对于初学者而言,需要掌握的最重要且最有用的命令应为 help 命令。MATLAB 提供了相当丰富的帮助信息,同时也提供了获得帮助的方法。首先,可以通过桌面平台的"Help"菜单来获得帮助,也可以通过工具栏的帮助选项获得帮助。此外,MATLAB 也提供了在命令窗口中获得帮助的多种方法。在命令窗口中获得 MATLAB 帮助的命令及说明见表附 1-1,其调用格式为:**命令+指定参数**

表附 1-1 MATLAB 帮助的命令及说明

命 令	说 明
doc	在帮助浏览器中显示指定函数的参考信息
help	在命令窗口中显示 M 文件帮助
helpbrowser	打开帮助浏览器,无参数
helpwin	打开帮助浏览器,并且见初始界面置于 MATLAB 函数的 M 文件帮助信息
lookfor	在命令窗口中显示具有指定参数特征函数的 M 文件帮助
web	显示指定的网络页面,默认为 MATLAB 帮助浏览器

例如:
>>help sin
    SIN   Sine
    SIN(X) is the sine of the elements of X
    Overloaded methods

Help sym/sin.m

另外,也可以通过在组件平台中调用演示模型(demo)来获得特殊帮助。

1.4 数据交换系统

MATLAB 提供了多种方法将数据从磁盘或剪贴板中读入 MATLAB 工作空间。具体的读写方法可依据用户的喜好以及数据的类型来选择。这里主要介绍文本数据的读入。

对于文本数据(ASCII)而言,最简单的读入方法就是通过 MATLAB 的数据输入向导(Import Wizard),也可以通过 MATLAB 函数实现数据读入。

例如,对于文本文件 test.txt:

```
       students' scores
       English    Chinese    Mathmatics
Wang   99         98         100
Li     98         89         70
Zhang  80         90         97
Zhao   77         65         87
```

下面通过上述两种方法将该文件数据读入 MATLAB 工作空间,先介绍 MATLAB 数据交换系统对文本数据的识别。此时文件的前几行(此处为"students' scores")将被识别为文件头,文件头可以为一行或几行,也可以识别出数据的列头(此处为:"English"、"Chinese"、和"Mathmatics")和行头(此处为"wang"、"li"、"zhang"和"zhao"),其余的为可分断数据(此处为"99"、"98"、"100"等)。

首先是通过数据输入向导编辑器读入数据,通过桌面平台上的"File"菜单中的"Import Data"选项打开输入向导编辑器,按向导提示进行操作完成整个文本数据的输入,则用户可以在 MATLAB 开发环境中使用该文本数据。

例如:
```
>>whos
    Name    Size    Bytes    Class
    Data    4×3     96       double array
    Grand total is 12 elements using 96 bytes
>>Data
Data =
    99    98    100
    98    89    70
```

```
        80    90    97
              77    65    87
```

"whos"用于显示当前 MATLAB 工作空间的变量,而在命令窗口中输入 data 后,将显示该数据。在命令窗口或 M 文件中调用相应的函数也可以实现数据的读入。

例如:
    >> [a,b,c,d]=textread('text.txt', '%s   %s   %s   %s', 'headlines', 2)

1.5 MATLAB 数值计算功能

MATLAB 强大的数值计算功能使其在诸多数学计算软件中傲视群雄,是 MATLAB 软件的基础。本节将简要介绍 MATLAB 的数据类型、矩阵的建立及运算。

1.5.1 MATLAB 数据类型

MATLAB 的数据类型主要包括:数字、字符串、矩阵、单元型数据及结构型数据等,限于篇幅,重点介绍其中几个常用类型。

1.5.1.1 变量与常量

变量是任何程序设计语言的基本要素之一,MATLAB 语言当然也不例外。与常规的程序设计语言不同的是,MATLAB 并不要求事先对所使用的变量进行声明,也不需要指定变量类型,MATLAB 语言会自动依据所赋予变量的值或对变量所进行的操作来识别变量的类型。在赋值过程中如果赋值变量已存在,MATLAB 语言将使用新值代替旧值,并以新值类型代替旧值类型。

在 MATLAB 语言中变量的命名应遵循如下规则。

(1) 变量名区分大小写。

(2) 变量名长度不得超过 31 位,第 31 个字符之后的字符将被 MATLAB 语言所忽略。

(3) 变量名以字母开头,可以由字母、数字、下画线组成,但不能使用标点。

与其他的程序设计语言相同,在 MATLAB 语言中也存在变量作用域的问题。在未加特殊说明的情况下,MATLAB 语言将所识别的一切变量视为局部变量,即仅在其使用的 M 文件内有效。若要将变量定义为全局变量,则应当对变量进行说明,即在该变量前加关键字 global。一般来说全局变量均用大写的英文字符表示。

MATLAB 语言本身也具有一些预定义的变量,这些特殊的变量称为常量。表附 1-2 给出了 MATLAB 语言中经常使用的一些常量值。

表附 1-2 MATLAB 语言中经常使用的一些常量值

常量	表示数值	常量	表示数值
pi	圆周率	NaN	表示不定值
eps	浮点运算的相对精度	realmax	最大的浮点数
inf	正无穷大	i, j	虚数单位

在 MATLAB 语言中，定义变量时应避免与常量名重复，以防改变这些常量的值。如果已改变了某些常量的值，可以通过"clear+常量名"命令恢复该常量的初始设定值（当然，也可通过重新启动 MATLAB 系统来恢复这些常量值）。

1.5.1.2 数字变量的运算及显示格式

MATLAB 是以矩阵为基本运算单元的，而构成数值矩阵的基本单元是数字。为了更好地学习和掌握矩阵的运算，首先对数字的基本知识作简单介绍。

对于简单的数字运算，可以直接在命令窗口中以平常惯用的形式输入，如计算 2 和 3 的乘积再加 1 时，可以直接输入：

>> 1+2*3
  ans=
    7

这里"ans"是指当前的计算结果，若计算时用户没有对表达式设定变量，系统就自动赋当前结果给"ans"变量。用户也可以输入：

>> a=1+2*3
  a=
    7

此时系统就把计算结果赋给指定的变量 a 了。

MATLAB 语言中数值有多种显示形式，在缺省的情况下，若数据为整数，则就以整数表示；若数据为实数，则以保留小数点后 4 位的精度近似表示。MATLAB 语言提供了 10 种数据显示格式，常用的有下述几种格式。

short	小数点后 4 位(系统默认值)
long	小数点后 14 位
short e	5 位指数形式
long e	15 位指数形式

MATLAB 语言还提供了复数的表达和运算功能。在 MATLAB 语言中，复数的基本单位表示为 i 或 j。在表达简单数数值时虚部的数值与 i、j 之间可以不使用乘号，但是如果是表达式，则必须使用乘号以识别虚部符号。

1.5.1.3 字符串

字符和字符串运算是各种高级语言必不可少的部分，MATLAB 中的字符串是其进行符号运算表达式的基本构成单元。

在 MATLAB 中，字符串和字符数组基本上是等价的；所有的字符串都用单引号进行输入或赋值（当然也可以用函数 char 来生成）。字符串的每个字符（包括空格）都是字符数组的一个元素。例如：

```
>>s='matrix    laboratory';
   s=
       matrix    laboratory
>> size(s)                       % size 查看数组的维数
     ans=
           1    17
```

另外，由于 MATLAB 对字符串的操作与 C 语言几乎完全相同，这里不再赘述。

1.5.2 矩阵及其运算

矩阵是 MATLAB 数据存储的基本单元，而矩阵的运算是 MATLAB 语言的核心，在 MATLAB 语言系统中几乎一切运算均是以对矩阵的操作为基础的。下面重点介绍矩阵的生成、矩阵的基本运算和矩阵的数组运算。

1.5.2.1 矩阵的生成

1. 直接输入法

从键盘上直接输入矩阵是最方便、最常用的创建数值矩阵的方法，尤其适合较小的简单矩阵。在用此方法创建矩阵时，应当注意以下几点。

① 输入矩阵时要以"[ ]"为其标识符号，矩阵的所有元素必须都在括号内。
② 矩阵同行元素之间由空格或逗号分隔，行与行之间用分号或回车键分隔。
③ 矩阵大小不需要预先定义。
④ 矩阵元素可以是运算表达式。
⑤ 若"[ ]"中无元素，表示空矩阵。

另外，在 MATLAB 语言中冒号的作用是最为丰富的。首先，可以用冒号来定义行向量。

例如：

```
>> a=1:0.5:4
a=
    Columns  1  through 7
       1    1.5    2    2.5    3    3.5    4
```

其次，通过使用冒号，可以截取指定矩阵中的部分。

例如：

```
>> A=[1  2  3; 4  5  6; 7  8  9]
```

```
    A=
        1       2       3
        4       5       6
        7       8       9
>> B=A (1:2, : )
  B=
        1       2       3
        4       5       6
```

通过上例可以看到 B 是由矩阵 A 的 1 到 2 行和相应的所有列的元素构成的一个新的矩阵。在这里，冒号代替了矩阵 A 的所有列。

2. 外部文件读入法

MATLAB 语言也允许用户调用在 MATLAB 环境之外定义的矩阵。可以利用任意的文本编辑器编辑所要使用的矩阵，矩阵元素之间以特定分断符分开，并按行列布置。读入矩阵的一种方法可参考 1.4 节数据交换系统。另外也可以利用 load 函数，其调用方法为：

Load+文件名[参数]

Load 函数将会从文件名所指定的文件中读取数据，并将输入的数据赋给以文件名命名的变量，如果不给定文件名，则将自动认为 matlab.mat 文件为操作对象，如果该文件在 MATLAB 搜索路径中不存在时，系统将会报错。

例如：

```
事先在记事本中建立文件：   1    1    1
                          1    2    3
                          1    3    6
```

并以 data1.txt 保存。在 MATLAB 命令窗口中输入：

```
>> load   data1.txt
 >> data1
  data1=
        1    1    1
        1    2    3
        1    3    6
```

3. 特殊矩阵的生成

对于一些比较特殊的矩阵（单位阵、矩阵中含 1 或 0 较多），由于其具有特殊的结构，MATLAB 提供了一些函数用于生成这些矩阵。常用的有下面几个。

zeros(m)   生成 m 阶全 0 矩阵
eye(m)   生成 m 阶单位矩阵

ones(m)	生成 m 阶全 1 矩阵
rand(m)	生成 m 阶均匀分布的随机阵
randn(m)	生成 m 阶正态分布的随机矩阵

1.5.2.2 矩阵的基本数学运算

矩阵的基本数学运算包括矩阵的四则运算、与常数的运算、逆运算、行列式运算、秩运算、特征值运算等基本函数运算，这里进行简单介绍。

1．四则运算

矩阵的加、减、乘运算符分别为"+"，"–"，"*"，用法与数学运算几乎相同，但计算时要满足其数学要求（如：同型矩阵才可以加、减）。

在 MATLAB 中矩阵的除法有两种形式：左除"\"和右除"/"。在传统的 MATLAB 算法中，右除是先计算矩阵的逆再相乘，而左除则不需要计算逆矩阵直接进行除运算。通常右除要快一点，但左除可避免被除矩阵的奇异性所带来的麻烦。在 MATLAB6 中两者的区别不太大。

2．与常数的运算

常数与矩阵的运算即是同该矩阵的每一元素进行运算。但需注意进行数除时，常数通常只能做除数。

3．基本函数运算

矩阵的函数运算是矩阵运算中最实用的部分，常用的主要有以下几个：

det(a)	求矩阵 a 的行列式
eig(a)	求矩阵 a 的特征值
inv(a)或 a ^ (–1)	求矩阵 a 的逆矩阵
rank(a)	求矩阵 a 的秩
trace(a)	求矩阵 a 的迹（对角线元素之和）

例如：>> a=[2 1 –3 –1; 3 1 0 7; –1 2 4 –2; 1 0 –1 5];
　　　>> a1=det(a);
　　　>> a2=det(inv(a));
　　　>> a1*a2
　　　ans=
　　　1

注意：命令行后加"；"表示该命令执行但不显示执行结果。

1.5.2.3 矩阵的数组运算

我们在进行工程计算时常常会遇到矩阵对应元素之间的运算。这种运算不同于前面讲的数学运算，为有所区别，称之为数组运算。

1．基本数学运算

数组的加、减与矩阵的加、减运算完全相同。而乘、除法运算有相当大的区别，数组的乘、除法是指两同维数组对应元素之间的乘、除法，它们的运算符为".*"和"./"或".\"。前面讲过常数与矩阵的除法运算中常数只能做除数。在数组运算中有了"对应关系"的规定，数组与常数之间的除法运算没有任何限制。

另外，矩阵的数组运算中还有幂运算（运算符为 .^）、指数运算（exp）、对数运算（log）、开方运算（sqrt）等。有了"对应元素"的规定，数组的运算实质上就是针对数组内部的每个元素进行的。

例如：
```
>> a=[2  1  -3  -1; 3  1  0  7; -1  2  4  -2; 1  0  -1  5];
>> a^3
    ans=
         32   -28   -101    34
         99   -12   -151   239
         -1    49     93     8
         51   -17    -98   139
>> a.^3
    ans=
          8     1    -27    -1
         27     1      0   343
         -1     8     64    -8
          1     0     -1   125
```

由上例可见，矩阵的幂运算与数组的幂运算有很大的区别。

2. 逻辑关系运算

逻辑运算是 MATLAB 中数组运算所特有的一种运算形式，也是几乎所有的高级语言普遍适用的一种运算。它们的具体符号、功能及用法见表附 1-3。

表附 1-3 数组逻辑运算符号、功能及用法

符号运算符	功 能	函 数 名	符号运算符	功 能	函 数 名
==	等于	eq	>=	大于等于	ge
~=	不等于	ne	&	逻辑与	and
<	小于	lt	|	逻辑或	or
>	大于	gt	~	逻辑非	not
<=	小于等于	le			

说明：（1）在关系比较中，若比较的双方为同维数组，则比较的结果也是同维数组。它的元素值由 **0** 和 **1** 组成。当比较双方对应位置上的元素值满足比

较关系时,它的对应值为 **1**,否则为 **0**。

(2)当比较的双方中一方为常数,另一方为一数组时,则比较的结果与数组同维。

(3)在算术运算、比较运算和逻辑与、或、非运算中,它们的优先级关系先后为比较运算、算术运算、逻辑与、或、非运算。

例如:

```
>>a=[1  2  3; 4  5  6; 7  8  9];
>> x=5;
>> y= ones(3)*5;
>> xa= x<=a
   xa=
      0   0   0
      0   1   1
      1   1   1
>> b=[0  1  0; 1  0  1; 0  0  1];
>> ab=a&b
   ab=
      0   1   0
      1   0   1
      0   0   1
```

1.6 MATLAB 图形功能

MATLAB 有很强的图形功能,可以方便地实现数据的视觉化。强大的计算功能与图形功能相结合,为 MATLAB 在科学技术和教学方面的应用提供了更加广阔的天地。下面着重介绍二维图形的画法,对三维图形只作简单叙述。

1.6.1 二维图形的绘制

1.6.1.1 基本形式

二维图形的绘制是 MATLAB 语言图形处理的基础,MATLAB 最常用的画二维图形的命令是 plot,看两个简单的例子:

```
>> y=[0  0.58  0.70  0.95  0.83  0.25];
>> plot(y)
```

生成的图形如图附 1-2 所示,是以序号 1,2,…,6 为横坐标、数组 y 的数值为纵坐标画出的折线。

>> x=linspace(0,2*pi,30);   %生成一组线性等距的数值

>> y=sin(x);

>> plot(x,y)

生成的图形如图附 1-3 所示，是[0,2π]上 30 个点连成的光滑的正弦曲线。

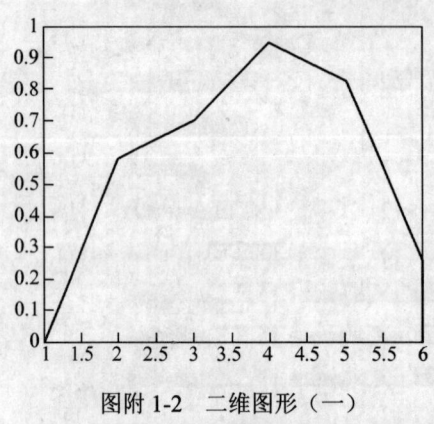

图附 1-2 二维图形（一）　　　　图附 1-3 二维图形（二）

1.6.1.2 多重线

在同一个画面上可以画许多条曲线，只需多给出几个数组，例如：

>> x=0:pi/15:2*pi;

>> y1=sin(x);

>> y2=cos(x);

>> plot(x,y1,x,y2)

则可以画出图附 1-4。多重线的另一种画法是利用 hold 命令。在已经画好的图形上，若设置 hold on，MATLAB 将把新的 plot 命令产生的图形画在原来的图形上。而命令 hold off 将结束这个过程。例如：

>> x=linspace(0,2*pi,30);   y=sin(x);   plot(x,y)

先画好图附 1-3，然后用下述命令增加 cos(x)的图形，也可得到图附 1-4。

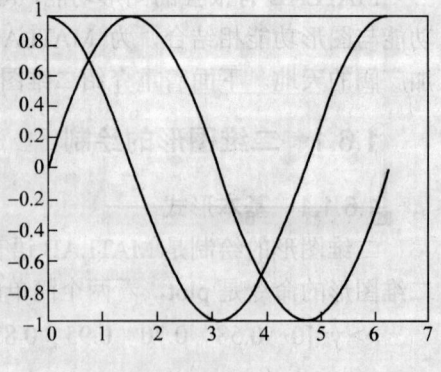

图附 1-4 多重线

```
>> hold on
>> z=cos(x);   plot(x,z)
>> hold off
```

1.6.1.3 线型和颜色

MATLAB 对曲线的线型和颜色有许多选择，标注的方法是在每一对数组后加一个字符串参数，说明如下：

线型 线方式：- 实线　　:点线　　-. 虚点线　　-- 波折线。

线型 点方式：. 圆点　　+加号　　* 星号　　x x形　　o 小圆

颜色：y 黄；r 红；g 绿；b 蓝；w 白；k 黑；m 紫；c 青

以下面的例子说明用法。

```
>> x=0:pi/15:2*pi;
>> y1=sin(x);   y2=cos(x);
>> plot(x,y1,'b:+',x,y2,'g-.*')
```

可得图附 1-5 所示图形。

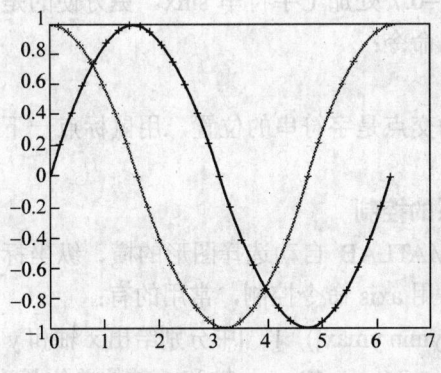

图附 1-5　线型和颜色

1.6.1.4 网格和标记

在一个图形上可以加网格、标题、x 轴标记、y 轴标记，用下列命令完成这些工作。

```
>> x=linspace(0,2*pi,30);   y=sin(x);   z=cos(x);
>> plot(x,y,x,z)
>> grid
>> xlabel('Independent Variable X')
>> ylabel('Dependent Variables Y and Z')
>> title('Sine and Cosine Curves')
```

它们产生图附 1-6。也可以在图形的任何位置加上一个字符串，如用：

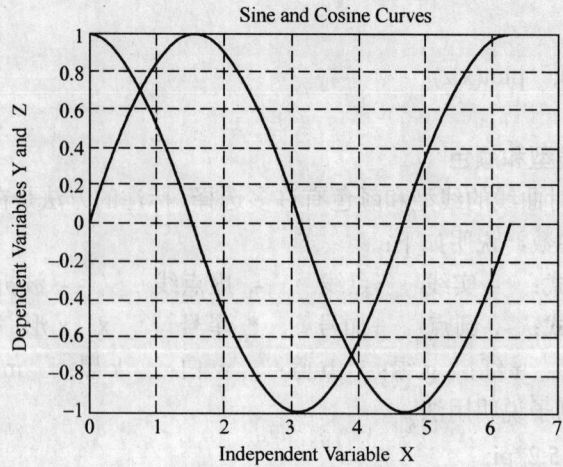

图附 1-6 网格和标记

>> text(2.5,0.7,'sinx')

表示在坐标 x=2.5, y=0.7 处加上字符串 sinx。更方便的是用鼠标来确定字符串的位置，方法是输入命令：

>> gtext('sinx')

在图形窗口十字线的交点是字符串的位置，用鼠标点一下就可以将字符串放在那里。

1.6.1.5 坐标系的控制

在缺省情况下 MATLAB 自动选择图形的横、纵坐标的比例，如果你对这个比例不满意，可以用 axis 命令控制，常用的有：

axis([xmin xmax ymin ymax])　　[ ]中分别给出 x 轴和 y 轴的最大值、最小值

axis equal　或　axis('equal')　　x 轴和 y 轴的单位长度相同

axis square　或　axis('square')　　图框呈方形

axis off　或　axis('off')　　清除坐标刻度

还有 axis auto、axis image、axis xy、axis ij、axis normal、axis on、axis(axis)，用法可参考在线帮助系统。

1.6.1.6 多幅图形

可以在同一个画面上建立几个坐标系，用 subplot(m,n,p)命令，把一个画面分成 m×n 个图形区域，p 代表当前的区域号，在每个区域中分别画一个图，如：

>> x=linspace(0,2*pi,30);　　y=sin(x);　　z=cos(x);

>> u=2*sin(x).*cos(x);　　v=sin(x)./cos(x);

>> subplot(2,2,1),plot(x,y),axis([0 2*pi –1 1]),title('sin(x)')

>> subplot(2,2,2),plot(x,z),axis([0 2*pi –1 1]),title('cos(x)')

>> subplot(2,2,3),plot(x,u),axis([0 2*pi –1 1]),title('2sin(x)cos(x)')

>> subplot(2,2,4),plot(x,v),axis([0 2*pi –20 20]),title('sin(x)/cos(x)')

共得到 4 幅图形,如图附 1-7 所示。

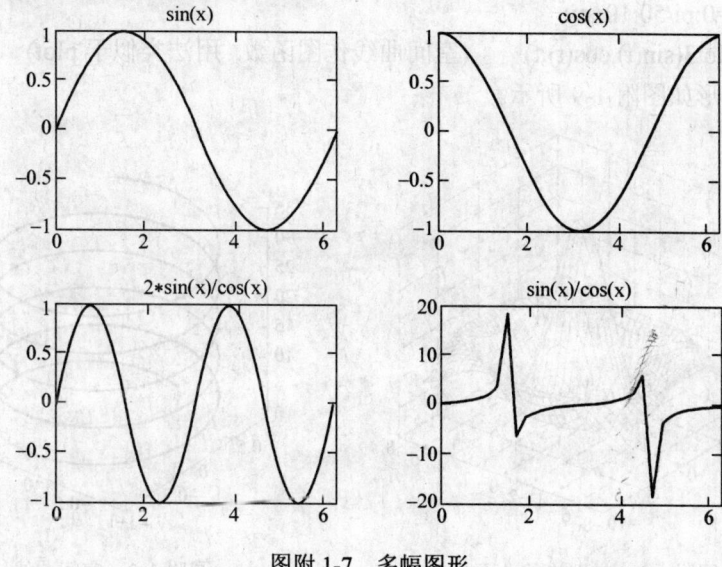

图附 1-7 多幅图形

1.6.2 三维图形

限于篇幅,这里只对几种常用的命令通过例子作简单介绍。

1.6.2.1 带网格的曲面

例 作曲面 $z=f(x,y)$ 的图形

$$z = \frac{\sin\sqrt{x^2+y^2}}{\sqrt{x^2+y^2}}, \quad -7.5 \leqslant x \leqslant 7.5, \; -7.5 \leqslant y \leqslant 7.5$$

用以下程序实现。

>> x=–7.5:0.5;7.5;

>> y=x;

>> [X,Y]=meshgrid(x,y);　　　　%三维图形的 X,Y 数组

>> R=sqrt(X.^2+Y.^2)+eps;　　　%加 eps 是防止出现 0/0

>> Z=sin(R)./R;

>> mesh(X,Y,Z)　　　　　　　　%三维网格表面

画出的图形如图附 1-8 所示。mesh 命令也可以改为 surf,只是图形效果有所不同,读者可以上机查看结果。

1.6.2.2 空间曲线

例 作螺旋线 $x=\sin t$, $y=\cos t$, $z=t$

用以下程序实现。

>> t=0:pi/50:10*pi;

>> plot3(sin(t),cos(t),t)　　　(空间曲线作图函数，用法类似于 plot)

画出的图形如图附 1-9 所示。

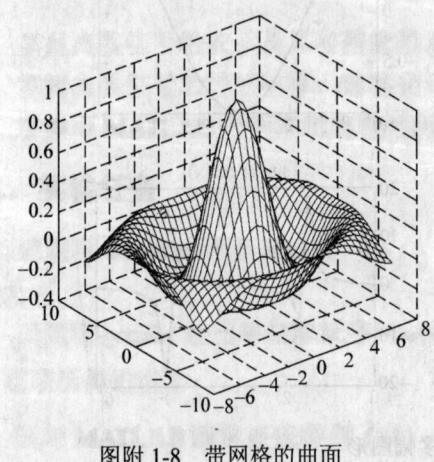

图附 1-8　带网格的曲面

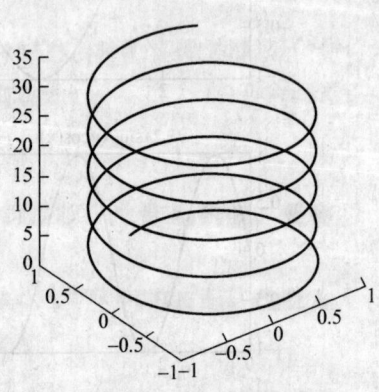

图附 1-9　空间曲线

1.6.2.3 等高线

用 contour 或 contour3 画曲面的等高线，如对图附 1-8 所示的曲面，在上面的程序后接 contour(X,Y,Z,10) 即可得到 10 条等高线。

1.6.2.4 其他

较有用的是给三维图形指定观察点的命令 view(azi,ele)，azi 是方位角，ele 是仰角。缺省时 azi=-37.5°，ele=30°。

1.7　M 文件

MATLAB 是解释型语言，也就是说在 MATLAB 命令行中输入的命令在当前 MATLAB 进程中被解释运行，无需编译和链接等。MATLAB 文件分为两类：M 脚本文件（M-Script）和 M 函数（M-function），它们均为由 ASCII 码构成的文件，该文件可直接在文本编辑器中编写，称为 M 文件，保存的文件扩展名是 .m。

M 脚本文件包含一族由 MATLAB 语言所支持的语句，并保存为 M 文件。它类似于 DOS 下的批处理文件，不需要在其中输入参数，也不需要给出输出变量来接受处理结果。脚本仅是若干命令或函数的集合，用于执行特定的功能。

其执行方式很简单，用户只需在 MATLAB 的提示符>>下键入该 M 文件的文件名，这样 MATLAB 就会自动执行该 M 文件中的各条语句，并将结果直接返回到 MATLAB 工作空间中。脚本 M 文件实际上是一系列 MATLAB 命令的集合，它的作用与在 MATLAB 命令窗口输入的一系列命令等效。

M 函数文件不同于 M 脚本文件，是一种封装结构，通过外界提供输入量而得到函数文件的输出结果。函数是接受入口参数返回出口参数的 M 文件，程序在自己的工作空间中操作变量，与工作空间分开，无法访问。M 函数文件和 M 脚本文件都是在编辑器中生成的，通常以关键字 function 引导"函数声明行"，并罗列出函数与外界联系的全部"标称"输入/输出总量。它的一般形式为

function [output 1, output 2,…] = functionname(input1, input2,…)
%[output 1, output 2,…] = functionname(input1, input2,…) Functionname
%Some comments that explain what the function does go here.
MATLAB command 1;
MATLAB command 2;
MATLAB command 3;
……

该函数的 M 文件名是 functionname.m，在 MATLAB 命令窗口中可被其他 M 文件调用，例如

>> [output1, output2] = functionname(input1, input2)

注意：MATLAB 忽略了"%"后面的所有文字，因此，可以利用该符号写注释。以"；"结束一行可以停止输出打印，在一行的最后输入"…"可以续行，以便在下一行继续输入指令。M 函数格式是 MATLAB 程序设计的主流，在一般情况下，不建议使用 M 脚本文件格式编程。

1.8 MATLAB 程序流程控制

MATLAB 与其他高级编程语言一样，是一种结构化的编程语言。MATLAB 程序流程控制结构一般可分为顺序结构、循环结构以及条件分支结构。MATLAB 中实现顺序结构的方法非常简单，只需将程序语句按顺序排列即可。在 MATLAB 中，循环结构可以由 for 语句循环结构和 while 语句循环结构两种方式来实现。条件分支结构可以由 if 语句分支结构和 switch 语句分支结构两种方式来实现。下面主要介绍这几种程序流程控制。

1.8.1 for 循环结构

for 循环结构用于在一定条件下多次循环执行处理某段指令，其语法格式为
for   循环变量＝初值：增量：终值
    循环体

end

循环变量一般被定义为一个向量,这样循环变量从初值开始,循环体中的语句每被执行一次,变量值就增加一个增量,直到变量等于终值为止。增量可以根据需要设定,默认时为 1。end 代表循环体的结束部分。

例如,用 for 循环结构求 $1+2+3+\cdots+100$ 的和,其 MATLAB 源程序为

```
>>sum=0;
>>for i=1:100
    sum=sum+i;
end
>>sumsum=
    5050
```

1.8.2 while 循环结构

while 循环结构也用于循环执行处理某段指令,但是与 for 循环结构不同的是在执行循环体之前先要判断循环执行的条件是否成立,即逻辑表达式为"真"还是"假",如果条件成立,则执行;如果条件不成立,则终止循环。其语法格式为

```
while  逻辑表达式
    循环体
end
```

例如,用 while 循环结构求 $1+2+3+\cdots+100$ 的和,其 MATLAB 源程序为

```
>>sum=0;i=0;
>>while  i<100
i=i+1;
sum=sum+i;
end
>>sum
sum=
    5050
```

从上述 MATLAB 源程序可以看出,while 循环结构是通过判断逻辑表达式 i<100 是否为"真",而决定是否执行循环体。

1.8.3 if 分支结构

if 条件分支结构是通过判断逻辑表达式是否成立来决定是否执行制定的程

序模块。其语法格式有两种,一种是单分支结构;另一种为多分支结构。其中,单分支结构语法格式为

  if 逻辑表达式
    程序模块
  end

单分支结构语法格式的含义是,如果逻辑表达式为"真",则执行程序模块,否则跳过该分支结构,按顺序结构执行下面的程序。

多分支结构的语法格式为

  if 逻辑表达式 1
    程序模块 1
  else if 逻辑表达式 2 (可选)
    程序模块 2
  ……
  else
    程序模块 n
  end

多分支结构语法格式可理解为:首先判断 if 条件分支结构中的逻辑表达式 1 是否成立,如果成立则执行程序模块 1;否则继续判断 else if 条件分支结构中的逻辑表达式 2,如果成立则执行程序模块 2;依次下去,如果结构中所有条件都不成立,则执行程序模块 n。

例如,用 if 条件分支结构可实现百分制考试分数分级,其 MATLAB 源程序为

```
>>s=input('输入 score= ');    %屏幕提示输入 x=,由键盘输入值赋给 x
>>if s>=90
      rank='A'
  elseif s>=80
      rank='B'
  elseif s>=70
      rank='C'
  elseif s>=60
      rank='D'
  else
      rank='E'
  end
```

1.8.4 switch 分支结构

switch 分支结构是根据表达式的取值结果不同来选择执行的程序模块,其语法格式为

switch 表达式
  case 常量 1
    程序模块 1
  case 常量 2
    程序模块 2
  ……
  otherwise
    程序模块 n
end

其中,switch 后面的表达式可以是任何类型,如数字、字符串等。当表达式的值与 case 后面的常量相等时,就执行对应的程序模块;如果所有常量都与表达式的值不等时,则执行 otherwise 后面的程序模块。

例如,用 switch 分支结构也可实现百分制考试分数分级,其 MATLAB 源程序为

```
>>s=input('输入 score= ');
>>switch fix(s/10)          %利用 fix 函数舍去小数部分取最近整数
    case {10,9}
        rank='A'
    case 8
        rank='B'
    case 7
        rank='C'
    case 6
        rank='D'
    otherwise
        rank='E'
end
```

除了上述介绍的几种程序流程控制结构外,MATLAB 为实现交互控制程序流程还提供了 continue、break、pause、input、error、disp 等命令。读者可通过 doc 或 help 命令查看它们的具体使用。

1.9 MATLAB 主要命令函数表

命令、函数名称	功 能 说 明
+	加
-	减
*	矩阵乘法
.*	数组乘法（点乘）
^	矩阵幂
.^	数组幂（点幂）
\	左除或反斜杠
/	右除或斜杠
./	数组除（点除）
%	注释
'	矩阵转置或引用
=	赋值
==	相等
<>	关系操作符
&	逻辑与
|	逻辑或
~	逻辑非
xor	逻辑异或
:	规则间隔的向量
abs	求绝对值或复数求模
acos	反余弦函数
angle	求复数相角
ans	当前的答案（预定义变量）
asin	反正弦函数
atan	反正切函数
axes	在任意位置上建立坐标系
axis	控制坐标系的刻度和形式
bar	条形图
bode	波特图（频域响应）
break	终止循环的执行
c2d	将连续时间系统转换为离散时间系统
c2dm	利用指定方法将连续时间系统转换为离散时间系统

续表

命令、函数名称	功 能 说 明
caxis	控制伪彩色坐标刻度
cla	清除当前坐标系
clc	清除命令窗口
clear	清除工作空间变量
clf	清除当前图形
close	关闭图形
conj	求复数的共轭复数
conv	求多项式乘法，求离散序列卷积和
cos	余弦函数
d2c	变离散为连续系统
d2cm	利用指定方法将离散时间系统转换为连续时间系统
dbode	离散波特图
deconv	求多项式除法，解卷积
demo	运行演示程序
diag	建立和提取对角阵
diff	求导运算
disp	显示矩阵或文本信息
doc	装入超文本帮助说明
dsolve	求微分方程符号解
else	与 if 命令配合使用
elseif	与 if 命令配合使用
end	for，while 和 if 语句的结束
error	显示信息并终止函数的执行
errorbar	误差条图
exp	指数
expm	矩阵指数
eye	单位矩阵
ezplot	符号函数二维作图
ezplot3	符号函数三维作图
fft	快速傅里叶变换
figure	建立图形
figure	建立图形窗口
fill	绘制二维多边形填充图
filter	求差分方程的数值解

续表

命令、函数名称	功 能 说 明
fix	朝零方向取整
fliplr	矩阵作左右翻转
for	重复执行指定次数（循环）
format	设置输出格式
fourier	求符号傅里叶变换
freqs	求连续时间系统的频率响应
freqz	求离散时间系统的频率响应
function	增加新的函数
gca	获取当前坐标系的句柄
gcf	获取当前图形的句柄
global	定义全局变量
grid	画网格线
gtext	用鼠标放置文本
help	在命令窗口显示帮助文件
hold	保持当前图形
i,j	虚数单位（预定义变量）
if	条件执行语句
ifourier	求符号傅里叶逆变换
ilaplace	求符号拉普拉斯逆变换
imag	复数的虚部
impulse	求单位冲激响应
impz	求单位采样响应
inf	无穷大（预定义变量）
initial	连续时间系统的零输入响应
input	提示用户输入
int	符号积分运算
inv	求矩阵的逆
iztrans	求符号 z 逆变换
keyboard	像底稿文件一样使用键盘输入
laplace	求符号拉普拉斯变换
legend	设置图解注释
length	向量的长度
line	建立曲线
linespace	产生线性等分向量

续表

命令、函数名称	功 能 说 明
lism	求系统响应的数值解
load	从磁盘文件中装载变量
log	自然对数
log10	常用对数
max	求最大值
min	求最小值
mod	模除后取余
nan	非数值（预定义变量）
ones	全"1"矩阵
path	控制 MATLAB 的搜索路径
pause	等待用户响应
phase	求相频特性
pi	圆周率（预定义变量）
plot	线性图形
pole	求极点
poly	将根值表示转换为多项式表示
pzmap	绘制零极点图
quit	退出 MATLAB
rand	均匀分布的随机数矩阵
randn	正态分布的随机数矩阵
real	求复数的实部
rectplus	产生非周期矩形脉冲信号
residue	部分分式展开（留数计算）
residuez	z 变换的部分分式展开
return	返回引用的函数
roots	求多项式的根
rot90	矩阵旋转 90°
round	朝最近的整数取整
save	保存工作空间变量
sawtooth	产生周期三角波
semilogx	半对数坐标图形（X 轴为对数坐标）
semilogy	半对数坐标图形（Y 轴为对数坐标）
simple	符号表达式化简
simplify	符号表达式化简
sin	正弦函数

续表

命令、函数名称	功 能 说 明
sinc	采样函数（Sa 函数）
sinh	双曲正弦函数
size	矩阵的尺寸
sqrt	求平方根
square	产生周期矩形脉冲
ss	建立状态空间模型
ss2tf	将状态空间表示转换为传递函数表示
ss2zp	将状态空间表示转换为零极点表示
stairs	阶梯图
stem	离散序列图或杆图
step	求单位阶跃响应
subplot	在标定位置上建立坐标系
subs	符号变量替换
sum	求和
surface	建立曲面
sym	定义符号表达式
syms	定义符号变量
tan	正切函数
text	文本注释
tf	建立传输函数模型
tf2ss	将传递函数表示转换为状态空间表示
tf2zp	将传递函数表示转换为零极点表示
title	图形标题
triplus	产生非周期三角波
while	重复执行不定次数（循环）
who	列出工作空间变量
whos	列出工作空间变量的详细资料
xlabel	X 轴标记
ylabel	Y 轴标记
zero	求零点
zeros	零矩阵
zp2ss	将零极点表示转换为状态空间表示
zp2tf	将零极点表示转换为传递函数表示
zplane	绘制离散时间系统的零极点图
ztrans	求符号 z 变换

附录 2 IST-B 型智能信号测试仪简介

IST-B 型智能信号测试仪是一种综合性基础电子测量仪表，又是一种通用型电子实验平台。它具有信号产生、信号检测、信号分析、模拟训练、直流电源五大功能模块，共 26 种功能。

(1) 信号产生模块。既能够产生周期信号，如正弦信号、方波信号、三角波、TTL 波形等，也能产生随机信号，如白噪声，还能产生带载信息的调频波、调相波等。

(2) 信号检测模块。能对电信号的基本参数，如幅度与频率进行定量测量。还能对被测网络进行扫频测量。

(3) 信号分析模块。能在一定范围内对电信号的频谱、失真度进行定量分析。

(4) 模拟训练模块。作为一个电子实验平台，能完成信号的采样、存储、信号合成、一阶系统电路过渡过程模拟以及数据通信训练等电子实验项目。

(5) 直流电源。能输出 4 路直流电源，其中+5V，输出电流 3A；–5V，–12V，输出电流为 1A；0~12V 可调电源输出电流为 1A。

IST-B 型智能信号测试仪继承了传统电子测量仪表的优点，体现了未来电子测量仪表数字化、智能化、集成化和模块化的发展方向。多种功能既能像传统仪表那样单个使用，也便于由计算机控制，组成完备的电子信号产生与测试系统，高质量、高效率地完成电子工程研究和电子实验任务。

IST-B 型智能信号测试仪是一台综合型电子实验仪表，它包含信号产生、信号检测、信号分析、实验训练及电源输出五大功能模块，共 20 多个使用功能。采用微处理器技术、EDA 技术和数字信号处理技术，智能化程度高，各种测试功能自动切换，既能同时工作，又能单独工作。

IST-B 型智能信号测试仪属普及型综合仪表，特别适合于院校实验室和一般生产、维修单位使用。用做实验仪器时，仅此一台仪表，就可完成基本的电子实验，加配一台示波器，就可完成绝大多数电子实验。

2.1 主要功能

IST-B 型智能信号测试仪的主要功能如下：

1. 低频信号产生器：工作频率 10Hz～300kHz，频率间隔为 1Hz。
2. 高频信号产生器：工作频率 300kHz～40MHz，频率间隔为 500Hz。
3. FSK 信号产生器：速率 200、300、600、900、1800 波特（f_H, 1800Hz；f_L, 900Hz）。
4. PSK 信号产生器：速率 200、300、600、900、1800 波特（中心频率 1800Hz）。
5. 三角波产生器：频率 1～200kHz，频率间隔为 1Hz。
6. 伪噪声产生器：0～3kHz 窄带白噪声输出，幅度 0～3V。
7. 调幅波产生器：载波频率 300kHz～15MHz，调制频率 1～20kHz，调幅度 0～150%。
8. 调频波产生器：中心频率 6.5MHz。
9. TTL 输出：频率为 10Hz～300kHz，频率间隔为 1Hz。
10. 脉宽波产生器：频率为 300Hz，脉宽比为两位数字任意比。
11. 频率测量：频率范围 0～40MHz，灵敏度 20mV。
12. 频谱分析：主要分析基带频谱。
13. 频响测量：频率范围 0～20MHz。
14. 失真度测量：基带波形的失真度测量。
15. 交流电压测量：频率 10Hz～20MHz，幅度 3mV～25V。
16. 方波产生器：频率为 10Hz～300kHz，频率间隔为 1Hz。
17. 直流电源输出：+5V（3A），–5V（1A），–12V（1A），+E（5～13V 可调，1A）。
18. 频率键控：按设定的起点和步长，键控信号源频率。
19. 查询：同时查看高、低频信号源频率，频率测量、电压测量的最新测量结果以及可调电源的监控值。
20. 伪随机序列：32、64 位可选，速率 100～10000 波特。
21. 综合测量：同时测量被测信号的频率和幅度。
22. 特殊信号：产生 8 种特殊波形，各 10 个频率点。
23. 模拟训练：一阶电路过渡过程模拟。
24. 数据通信：2FSK 调制与解调。
25. 信号采样：静态显示低频信号时域波形，可观察不同采样频率时的不同结果。
26. 信号合成：根据设置的频谱合成出对应的信号波形并输出。

2.2 主 要 特 点

IST-B 型智能信号测试仪的主要特点如下：

1. 数控信号源，测试功能齐全。
2. 智能化程度高，性能稳定可靠。
3. 一机多用，通用性强。

IST-B 型智能信号测试仪的体积及重量：

体积：40cm×37cm×18cm

重量：6kg

2.3 主要功能技术指标

IST-B 型智能信号测试仪的主要技术指标如下：

2.3.1 低频信号

1. 频率范围：10Hz～300kHz；
2. 频率间隔：1Hz；
3. 信号失真：小于 3%；
4. 信号幅度：0～3V；
5. 稳定度：≤±10^{-4}。

2.3.2 高频信号

1. 频率范围：300kHz～40MHz；
2. 频率间隔：1kHz；
3. 信号失真：小于 5%；
4. 信号幅度：V_{pp}>500mV；
5. 稳定度：≤±10^{-4}。

2.3.3 FSK 信号

1. 波特率：200、300、600、900、1800；
2. 码型：全"0"码、全"1"码、巴克码、交替码、双"0"双"1"码；
3. 正弦频率：900Hz，1800Hz；
4. 信号幅度：V_{pp}>2V。

2.3.4 PSK 信号

1. 波特率：200、300、600、900、1800；
2. 码型：全"0"码、全"1"码、巴克码、交替码、双"0"双"1"码；
3. 正弦频率：1800Hz；

4. 信号幅度：$V_{pp} > 2V$。

2.3.5 三角波

1. 频率范围：1～200kHz；
2. 信号幅度：$V_{pp} > 2V$。

2.3.6 伪噪声

2.3.7 调幅波

1. 载波频率：300kHz～15MHz；
2. 信号频率：300Hz～20kHz；
3. 调制度：0～150%连续可调。

2.3.8 调频波

2.3.9 TTL 输出

1. 频率范围：10Hz～300kHz；
2. 信号幅度：TTL 电平。

2.3.10 脉宽波

2.3.11 频率测量

1. 测量范围：1Hz～40MHz；
2. 灵敏度：1～50 Hz，200mV；50Hz～2MHz，20mV；2～50MHz，100mV；
3. 准确度：10^{-4}。

2.3.12 频谱分析

1. 频率范围：10Hz～5kHz；
2. 输入信号：$U > 100mV$；
3. 分辨率：12.5Hz 和 100Hz 两挡。

2.3.13 频响测量

1. 频率测量范围：10Hz～20MHz；
2. 准确度：±5%。

2.3.14 失真度

1. 频率范围：10Hz～5kHz；
2. 误差：±5%。

2.3.15 交流电压测量

1. 频率：10Hz～20MHz；
2. 幅度：3mV～25V；
3. 精确度：±3%。

2.3.16 方波

1. 频率范围：10Hz～300kHz；
2. 信号幅度：0～10V。

2.3.17 直流电源输出

4路直流电源：+5V（3A）、–5V（1A）、–12V（1A）、+E（5～13V连续可调，1A）

2.3.18 频率键控

2.3.19 查询

2.3.20 伪随机序列

2.3.21 综合测量

2.3.22 特殊信号

2.3.23 模拟训练

2.3.24 数据通信

2.3.25 信号采样

2.3.26 信号合成

2.4 操作方法

IST-B 型智能信号测试仪的基本操作方法如下:
（1）开机加电显示器循环显示功能菜单。
（2）任意时刻按"复位"键，系统复位。
（3）工作时，按"取消"键进入（设置）状态，在（设置）状态时，按"取消"键进入功能选择界面。
（4）出现"超出范围"提示，按"取消"键进入设置界面，重新设置。
（5）在各功能当中，本仪表统一：选择参数项时，使用上、下方向键；选择某一参数项中的不同参数时，使用左、右方向键。
（6）禁止将超过 30V 的信号加在本仪表输入探头上。

循环显示功能菜单时，按任意键（"复位"键除外）就进入功能选择界面，如图附 2-1 所示。

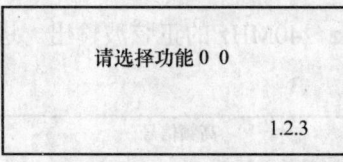

图附 2-1 功能选择界面

光标闪烁，等待输入。从键盘输入数字，屏幕会弹出对应的功能名称，输入一个有效的功能代码后，按"确认"键就进入所选择的功能，若按"取消"键，则回到循环显示功能菜单界面。窗口右下角的反显数字为可调电源输出的电压值。

下面按功能代号逐一叙述其操作方法。

2.4.1 低频信号

本功能可提供 10Hz～300kHz 的正弦波输出。进入该功能后，显示如图附 2-2 所示的界面。

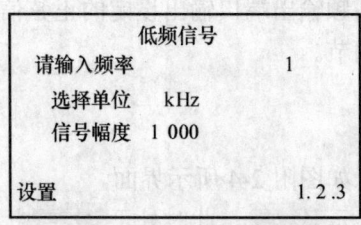

图附 2-2 低频信号界面

光标闪烁，左下角显示 设置，此时处于 设置 状态，可对各项参数进行编辑。按上、下方向键，移动光标，选择参数项。当光标处于"频率"参数项时，可用数字键输入数值，"清零"键可将其清为零；当光标处于"单位"参数项时，用左、右方向键可选择单位：Hz、kHz、MHz；当光标处于"幅度"参数项时，可用数字键输入数值，"清零"键可将其清为零，低频信号幅度为0～3000挡（有效值）。设置好各项参数后，按"确认"键，设置 状态改为 工作 状态，光标消失，参数不可更改，系统按设置好的参数开始工作，低频输出端口输出设定的正弦信号。在 工作 状态时，按左、右方向键可调整输出信号的幅度，并跟踪显示幅度值，按向左键，减小幅度，按向右键，增加幅度。

将低频输出口旁的电位器拉出，可使输出的低频信号衰减10倍，将电位器按下则直接输出。当需输出小信号时，可将低频信号的幅度设定为10倍输出值，然后拉出电位器，衰减10倍，可得到波形很好的小信号。

2.4.2 高频信号

本功能可提供300kHz～40MHz的正弦波输出。进入该功能后，显示如图附2-3所示的界面。

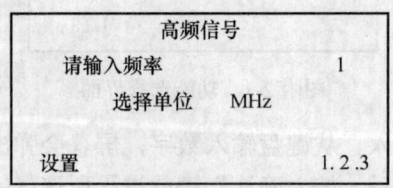

图附2-3　高频信号界面

光标闪烁，左下角显示 设置，此时处于 设置 状态，可对各项参数进行编辑。按上、下方向键，移动光标，选择参数项。当光标处于"频率"参数项时，可用数字键输入数值，"清零"键可将其清为零；当光标处于"单位"参数项时，用左、右方向键可选择单位：Hz、kHz、MHz。设置好各项参数后，按"确认"键，设置 状态改为 工作 状态，光标消失，参数不可更改，系统按设置好的参数开始工作，高频输出端口输出设定的正弦信号，高频信号幅度由高频输出端口旁的电位器调节。

2.4.3 FSK信号

进入该功能后，显示如图附2-4所示界面。

光标闪烁，左下角显示 设置，此时处于 设置 状态，可对各项参数进行编辑。按上、下方向键，移动光标，选择参数项。当光标处于"速率"参数项时，可用左、右方向键选择波特率：200B、300B、600B、900B、1800B；当光标处于"码形"参数项时，用左、右方向键可选择码形。设置好各项参数后，按"确认"键，设置状态改为工作状态，光标消失，参数不可更改，系统按设置好的参数开始工作，低频输出端口输出设定的 FSK 信号。

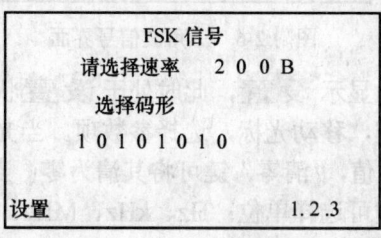

图附 2-4　FSK 信号界面

2.4.4　PSK 信号

进入该功能后，显示如图附 2-5 所示的界面。

图附 2-5　PSK 信号界面

光标闪烁，左下角显示设置，此时处于设置状态，可对各项参数进行编辑。按上、下方向键，移动光标，选择参数项。当光标处于"速率"参数项时，可用左、右方向键选择波特率：200B、300B、600B、900B、1800B；当光标处于"码形"参数项时，用左、右方向键可选择码形。设置好各项参数后，按"确认"键，设置状态改为工作状态，光标消失，参数不可更改，系统按设置好的参数开始工作，低频输出端口输出设定的 PSK 信号。在工作状态时，按"取消"键就进入设置状态，在设置状态时，按"取消"键就进入功能选择界面。

2.4.5　三角波

本功能可提供 1～200kHz 的三角波输出。进入该功能后，显示如图附 2-6 所示的界面。

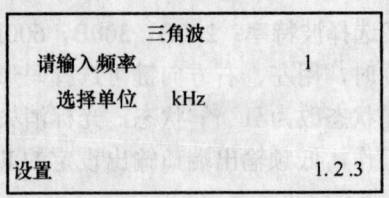

图附 2-6 三角波信号界面

光标闪烁，左下角显示设置，此时处于设置状态，可对各项参数进行编辑。按上、下方向键，移动光标，选择参数项。当光标处于"频率"参数项时，可用数字键输入数值，"清零"键可将其清为零；当光标处于"单位"参数项时，用左、右方向键可选择单位：Hz、kHz、MHz。设置好各项参数后，按"确认"键，设置状态改为工作状态，光标消失，参数不可更改，系统按设置好的参数开始工作，低频输出端口输出设定的三角波信号。

2.4.6 伪噪声

进入该功能后，显示如图附 2-7 所示的界面。

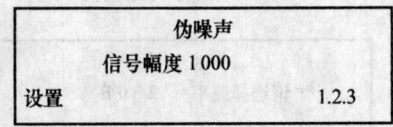

图附 2-7 伪噪声界面

光标闪烁，左下角显示设置，此时处于设置状态，本功能只设置噪声幅度，可用数字键输入数值，"清零"键可将其清为零，噪声幅度为 0～3000 挡。按"确认"键，设置状态改为工作状态，光标消失，参数不可更改，系统按设置好的参数开始工作，低频输出端口输出设定的伪噪声。在工作状态时，按左、右方向键可调整输出信号的幅度，并跟踪显示幅度值，按向左键，减小幅度，按向右键，增加幅度。

2.4.7 调幅波

进入该功能后，显示如图附 2-8 所示的界面。

```
                调幅波
      请输入载波频率        1
        选择单位    MHz
      调制频率              1
        选择单位    kHz
      设置   调制度   50%      1.2.3
```

图附 2-8 调幅波信号界面

光标闪烁,左下角显示 设置 ,此时处于 设置 状态,可对各项参数进行编辑。按上、下方向键,移动光标,选择参数项。当光标处于"频率"参数项时,可用数字键输入数值,"清零"键可将其清为零;当光标处于"单位"参数项时,用左、右方向键可选择单位:Hz、kHz、MHz;当光标处于"调制度"参数项时,可用数字键输入数值,"清零"键可将其清为零。设置好各项参数后,按"确认"键, 设置 状态改为 工作 状态,光标消失,参数不可更改,系统按设置好的参数开始工作,低频输出端口输出设定的调制信号,高频输出端口输出设定的调幅波信号。高频输出端口旁的电位器可调整载频的幅度,将载频输出幅度调整合适(200~500mV),低频输出端口旁的电位器可调整已调波的幅度,将两电位器调整合适,可得到最佳的调幅波输出。

2.4.8 调频波

进入该功能后,显示如图附 2-9 所示的界面。

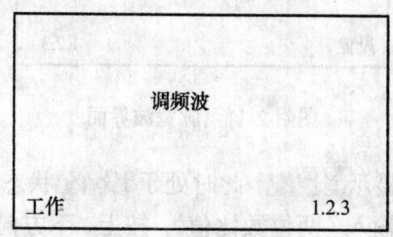

图附 2-9　调频波信号界面

本功能无需设置任何参数(中心频率 6.5MHz,带宽 1MHz),系统直接进入 工作 状态,高频输出端口输出特定的调频波信号,按"取消"键就进入功能选择界面。

2.4.9 TTL 输出

本功能可提供 10Hz~300kHz 的 TTL 电平方波输出。进入该功能后,显示如图附 2-10 所示的界面。

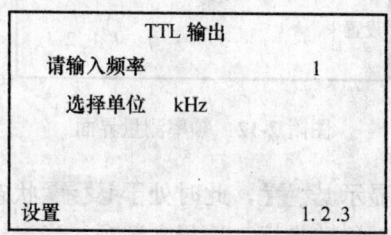

图附 2-10　TTL 输出界面

光标闪烁，左下角显示 设置，此时处于 设置 状态，可对各项参数进行编辑。按上、下方向键，移动光标，选择参数项。当光标处于"频率"参数项时，可用数字键输入数值，"清零"键可将其清为零；当光标处于"单位"参数项时，用左、右方向键可选择单位：Hz、kHz、MHz。设置好各项参数后，按"确认"键， 设置 状态改为 工作 状态，光标消失，参数不可更改，系统按设置好的参数开始工作，低频输出端口输出设定的 TTL 电平的方波信号。

2.4.10 脉宽波

进入该功能后，显示如图附 2-11 所示的界面。

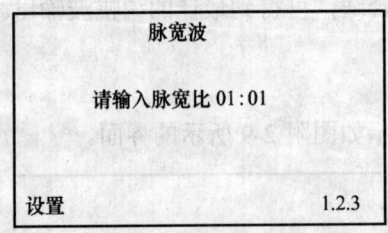

图附 2-11 脉宽波界面

光标闪烁，左下角显示 设置，此时处于 设置 状态，本功能只产生 300Hz 的脉宽波，脉宽比任意输入（两位数比值），按上、下方向键，移动光标，按"确认"键， 设置 状态改为 工作 状态，光标消失，参数不可更改，系统按设置好的参数开始工作，低频输出端口输出设定的脉宽波信号。

2.4.11 频率测量

进入该功能后，显示如图附 2-12 所示的界面。

```
            频率测量
   请选择信号幅度    小
   闸门时间        1 s


设置                 1.2.3
```

图附 2-12 频率测量界面

光标闪烁，左下角显示 设置，此时处于 设置 状态，可对各项参数进行编辑。按上、下方向键，移动光标，选择参数项。当光标处于"信号幅度"参数项时，可用左、右方向键选择大（大于 200mV）、小（小于 200mV）；当光标处于"闸门时间"参数项时，用左、右方向键可选择闸门时间：0.1s，1s，10s。设置好各项参数后，按"确认"键，系统就按设置好的参数开始工作，并进入如图附 2-13 所示的工作界面。

```
           频率测量
     请选择信号幅度      小
        闸门时间       1s
          1 000 Hz
     (低频信号幅度1 000)
工作                    1.2.3
```

图附 2-13 频率工作界面

光标消失，参数不可更改，频率测量值根据闸门时间不断刷新。括号内的"低频信号幅度"或"方波幅度"是本机输出的低频信号幅度或方波幅度。仅在 工作 状态时，按左、右方向键可调节低频的输出幅度，按向左键，减小幅度，按向右键，增加幅度。

使用频率测量功能时，需估测一下被测信号幅度，选择合适的闸门时间，被测信号频率很低时，可将闸门时间定为 10s。

2.4.12 频谱分析

按"确认"键工作之前，需将待测信号加在本机输入探头上。注意，禁止将超过 30V 的信号加在探头上。

进入该功能后，显示如图附 2-14 所示的界面。

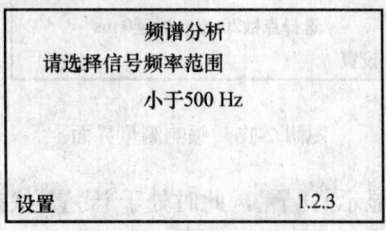

图附 2-14 频谱分析界面

光标闪烁，左下角显示 设置，此时处于 设置 状态，可用左、右方向键选择范围：大于 500Hz，小于 500Hz。设置好后，按"确认"键，系统就按选定的范围开始进行频谱分析，并将 设置 状态改为 工作 状态，光标消失，参数不可更改。分析频谱时，屏上显示"请稍等"，并有进度指示器指示进度。频谱分析完后，显示信号频谱如图附 2-15 所示。

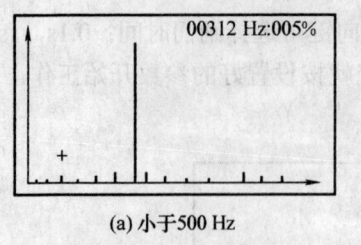 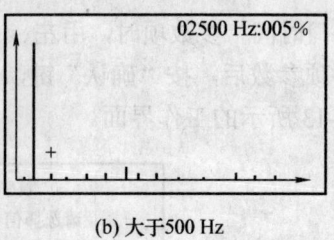

(a) 小于500 Hz　　　　　　　　(b) 大于500 Hz

图附 2-15　信号频谱

　　显示的频谱为归"1"化频谱，主谱为100%，其他谱分量是相对于主谱的相对值。选择"小于500Hz"时，频谱分辨率为12.5Hz，且只能观察到0～2.5kHz频率范围内的谱线，选择"大于500Hz"时，频谱分辨率为100Hz，可观察到0～20kHz频率范围内的谱线。在此界面时，按方向键移动光标，左右移动时，顶部左边跟踪显示谱线对应的频率值及其相对谱分量。按"确认"键可将谱线放大显示，按"清零"键可将谱线缩小显示，按"取消"键进入 设置 状态。使用本功能时，请将被测信号的幅度设定为峰值100mV～3V之间。本功能只能分析 5kHz 以下的信号。

2.4.13　频响测量

　　进入该功能后，显示如图附 2-16 所示的界面。

频响测量		
请输入		选择单位
始频	1	kHz
步频	1	kHz
选择点数20点	时延 0 ms	
设置		1.2.3

图附 2-16　频响测量界面

　　光标闪烁，左下角显示 设置，此时处于 设置 状态，可对各项参数进行编辑。按上、下方向键，移动光标，选择参数项。当光标处于"频率"参数项时，可用数字键输入数值，"清零"键可将其清为零；当光标处于"单位"参数项时，用左、右方向键可选择单位：Hz、kHz、MHz；当光标处于"点数"参数项时，用左、右方向键可选择点数：10、20、30 点；当光标处于"时延"参数项时，用左、右方向键可选择时延：0～9ms。设置好各项参数后，按"确认"键，进入如图附 2-17 所示的界面。在以下各状态中，按"取消"键就进入 设置 状态。

附录 2　IST-B 型智能信号测试仪简介

```
┌─────────────────────────┐
│                         │
│    第一步测量输入端      │
│                         │
│    准备好后按确认键      │
│                         │
└─────────────────────────┘
```

图附 2-17　频响测量确认界面

将本机输入探头接待测网络的输入端，连接好后按"确认"键，屏上显示"请稍等"，系统按设置好的参数测量输入端，测完后，显示如图附 2-18 所示的界面。

```
┌─────────────────────────┐
│                         │
│    第一步测量输入端      │
│    第二步测量输出端      │
│                         │
│    准备好后按确认键      │
│                         │
└─────────────────────────┘
```

图附 2-18　频响测量输入界面

将本机输入探头接待测网络的输出端，连接好后按"确认"键，屏上显示"请稍等"，系统按设置好的参数测量输出端，测完后，待测网络的频响特性显示如图附 2-19 所示的界面。

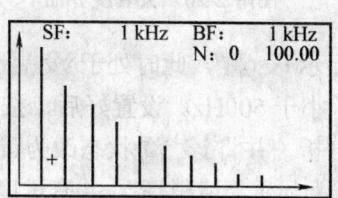

图附 2-19　频响特性

显示屏中第一行是频响的起点频率（SF）和步进频率（BF），第二行是光标所指示的频点（N）及其频率响应值。在此界面时，按方向键移动光标，光标移过某一频点时，跟踪显示频点值及其响应值。按"确认"键可将曲线放大显示，按"清零"键可将曲线缩小显示，按"取消"键进入设置状态，在设置状态时，按"取消"键就进入功能选择界面。

本功能测试的频带宽为 10 Hz～40 MHz，分为两段：10 Hz～300 kHz 为一段，测试信号由低频输出口提供；300 kHz～40 MHz 为一段，测试信号由高频输出口提供。在测量网络频响时，应注意频带范围，当跨越两个频段时，要分开测试。

测量衰减网络的频响时,应将本机输出的测试信号的幅度设定稍大一些,测量放大网络的频响时,将本机输出的测试信号的幅度设定稍小一些,高频段的幅度由电位器调节,低频段的幅度可由 01 号功能设定。一般网络,可将"延时"设定为 1ms、2ms 左右,有延时的网络,可将"延时"适当加长。

测试时,先将本机的测试输出信号连接到被测网络的输入端。

2.4.14 失真度

按"确认"键工作之前,将待测信号加在本机输入探头上。注意,禁止将超过 30V 的信号加在探头上。

使用本功能时,将被测信号的幅度设定为峰值 100mV～3V 之间。本功能只能分析 5kHz 以下的信号,选择小于 500Hz 时,频率分辨率为 12.5Hz,选择大于 500Hz 时,频率分辨率为 100Hz。

进入该功能后,显示如图附 2-20 所示的界面。

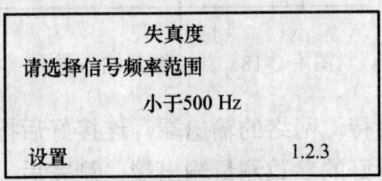

图附 2-20 失真度界面

光标闪烁,左下角显示 设置 ,此时处于 设置 状态,可用左、右方向键选择范围:大于 500Hz,小于 500Hz。设置好后,按"确认"键,系统就按选定的范围开始进行失真分析,并将 设置 状态改为 工作 状态,光标消失,参数不可更改。分析时,屏上显示"请稍等",并有进度指示器指示进度。分析完后,退回 设置 状态,并将分析结果显示出来。

2.4.15 交流电压

进入该功能后,显示如图附 2-21 所示的界面。

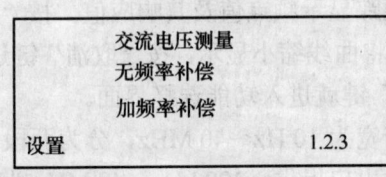

图附 2-21 交流电压界面

光标闪烁,左下角显示 设置 ,此时处于 设置 状态。交流电压有两种测量方式:标准测量方式(无频率补偿),精确测量方式(加频率补偿)。按上、下方向键,移动光标,选择测量方式,按"确认"键开始下一步。

选择标准测量方式时,进入如图附 2-22 所示的界面。

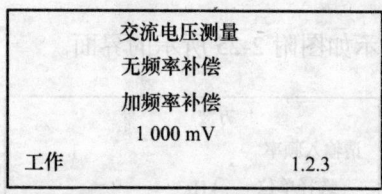

图附 2-22　交流电压标准测量界面

光标消失,参数不可更改,交流电压测量值不断刷新。仅在 工作 状态时,按左、右方向键可调节低频的输出幅度,按向左键,减小幅度,按向右键,增加幅度。

选择精确测量方式时,进入如图附 2-23 所示的界面。

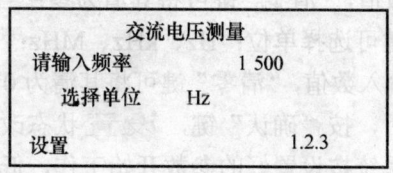

图附 2-23　交流电压精确测量界面

按上、下方向键,移动光标,选择参数项。当光标处于"频率"参数项时,可用数字键输入数值,"清零"键可将其清为零;当光标处于"单位"参数项时,用左、右方向键可选择单位:Hz、kHz、MHz。

输入待测信号的频率(设置正确值),以便进行频率补偿,增加测量精度。设置好后,按"确认"键,系统就按设置好的参数开始工作,并显示如图附 2-24 所示的界面。

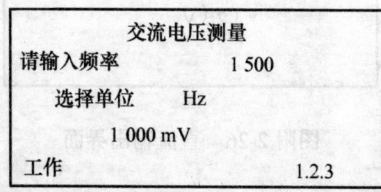

图附 2-24　交流电压测量界面

光标消失，参数不可更改，交流电压测量值不断刷新。仅在 工作 状态时，按左、右方向键可调节低频的输出幅度，按向左键，减小幅度，按向右键，增加幅度。

2.4.16 方波

进入该功能后，显示如图附 2-25 所示的界面。

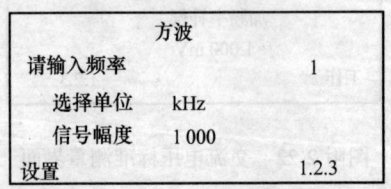

图附 2-25 方波信号界面

光标闪烁，左下角显示 设置，此时处于 设置 状态，可对各项参数进行编辑。按上、下方向键，移动光标，选择参数项。当光标处于"频率"参数项时，可用数字键输入数值，"清零"键可将其清为零；当光标处于"单位"参数项时，用左、右方向键可选择单位：Hz、kHz、MHz；当光标处于"幅度"参数项时，可用数字键输入数值，"清零"键可将其清为0，方波幅度为0～10000挡。设置好各项参数后，按"确认"键， 设置 状态改为 工作 状态，光标消失，参数不可更改，系统按设置好的参数开始工作，低频输出端口输出设定的方波信号。在 工作 状态时，按左、右方向键可调整输出信号的幅度，并跟踪显示幅度值，按向左键，减小幅度，按向右键，增加幅度。

2.4.17 直流输出

禁止将电源长时间短路和短路启动。

进入该功能后，显示如图附 2-26 所示的界面。

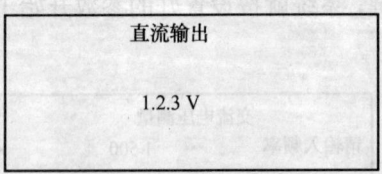

图附 2-26 直流输出界面

本机提供 4 组独立电源：+5V（3A），-5V（1A），-12V（1A），5～13V（可调）（1A），此功能对 5～13V 可调电源进行不间断监测。

2.4.18 频率键控

进入该功能后,显示如图附 2-27 所示的界面。

频率键控		
请输入		选择单位
始频	1	kHz
步频	1	kHz
设置		1.2.3

图附 2-27 频率键控界面

光标闪烁,左下角显示设置,此时处于设置状态,可对各项参数进行编辑。按上、下方向键,移动光标,选择参数项。当光标处于"频率"参数项时,可用数字键输入数值,"清零"键可将其清为 0;当光标处于"单位"参数项时,用左、右方向键可选择单位:Hz、kHz、MHz。设置好各项参数后,按"确认"键,进入如图附 2-28 所示的界面。

频率键控		
请输入		选择单位
始频	1	kHz
步频	1	kHz
信号源	1 000	Hz
工作		1.2.3

图附 2-28 频率键控工作界面

在工作状态中,按上、下方向键,信号源以设定的"始频"为起点、以设定的"步频"为步长增、减输出信号的频率,按"取消"键就进入设置状态。

2.4.19 查询

进入该功能后,显示如图附 2-29 所示的界面。

低频		1 kHz
高频		1 MHz
频率计	1 000	Hz
交流	888	mV
电源	1.2.3	V

图附 2-29 查询界面

此功能同屏显示出低频信号源的频率值、高频信号源的频率值、最近一次测量到的频率值、交流电压值以及可调电源的监测值。按"取消"键进入功能选择界面。

2.4.20 伪随机序列

进入该功能后，显示如图附 2-30 所示的界面。

伪随机序列	
请输入码率	100B
选择字长	32位
设置	1.2.3

图附 2-30 伪随机序列界面

光标闪烁，左下角显示设置，此时处于设置状态，可对各项参数进行编辑。按上、下方向键，移动光标，选择参数项。当光标处于"码率"参数项时，可用数字键输入数值，"清零"键可将其清为零；当光标处于"字长"参数项时，用左、右方向键可选择字长：32 位、64 位。设置好各项参数后，按"确认"键，设置状态改为工作状态，光标消失，参数不可更改，系统按设置好的参数开始工作，低频输出端口输出设定的伪随机序列。

2.4.21 综合测量

进入该功能后，显示如图附 2-31 所示的界面。

综合测量	
幅度	1 002 mV
频率	1 000 Hz
工作	

图附 2-31 综合测量界面

该功能可以同时测量输入信号的幅度和频率。本功能无需设置任何参数，系统直接进入工作状态，频率测量的闸门时间为 1s，电压测量以频率测量值作频率补偿进行精确测量。按"取消"键就进入功能选择界面。

2.4.22 特殊信号

该功能可以产生锯齿波、反锯齿波、升余弦波、梯形波等 8 种特殊波形，波形的种类和频率可以按键选择。选择波形时，按数字键 1~8 选择对应 8 种波形；选择频率时，按数字键 0~9 选择对应 10 个频率点，"0"对应 1000Hz。

2.4.23 模拟训练

该功能可模拟出一阶电子电路的阶跃响应,内含4种常用的一阶电路模型,每种电路有4种参数可供选择。处于 设置 状态时,可对各项参数进行编辑。按上、下方向键,移动光标,选择参数项。当光标处于"电路"参数项时,可用左、右方向键选择不同电路;当光标处于"元件参数"参数项时,用左、右方向键可选择不同的元件值。设置好各项参数后,按"确认"键,系统将阶跃响应过程描绘出来,移动左、右方向键,可读出时域响应值,按"取消"键进入 设置 状态。

2.4.24 数据通信

进入该功能后,显示如图附 2-32 所示的界面。

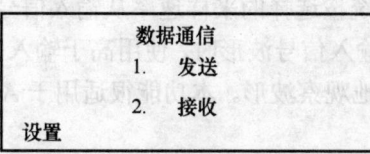

图附 2-32 数据通信界面

该功能实现在两台仪表之间的 2FSK 调制解调通信,每台仪表都可以选择工作为发送或接收。使用上、下方向键可选择本台仪表作为发送端或接收端,按"确认"键进入发送状态或接收状态。发送时,显示如图附 2-33 所示的界面。

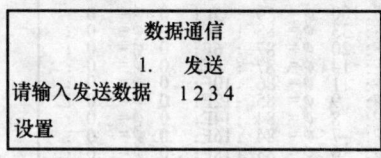

图附 2-33 数据通信发送界面

光标闪烁,可输入一组十进制数字,按"确认"键发送,光标停止,发送完毕,光标重新闪烁,等待下一次发送。

接收时,显示如图附 2-34 所示的界面。

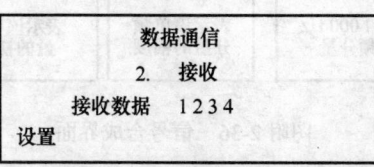

图附 2-34 数据通信接受界面

接收端的仪表一直处于接收状态，收到正确的信息后刷新显示。

2.4.25 信号采样

进入该功能后，显示如图附 2-35 所示的界面。

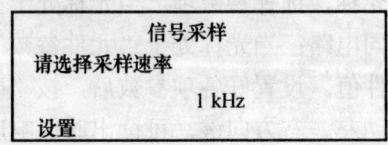

图附 2-35　信号采样界面

该功能可静态显示输入信号波形，输入信号频率范围 0～5kHz，多种采样速率可供选择。在 设置 状态，光标闪烁，按左、右方向键可选择 12 种采样速率，按"确认"键，系统按选择的采样速率从输入信号中取样一组数据并在屏上显示出来。用于显示输入信号波形时，使用高于输入信号频率 10 倍以上的采样速率，以便能够直观地观察波形。本功能很适用于 A/D 转换实验中演示不同采样速率的采样结果。

2.4.26 信号合成

进入该功能后，显示如图附 2-36 所示的界面。

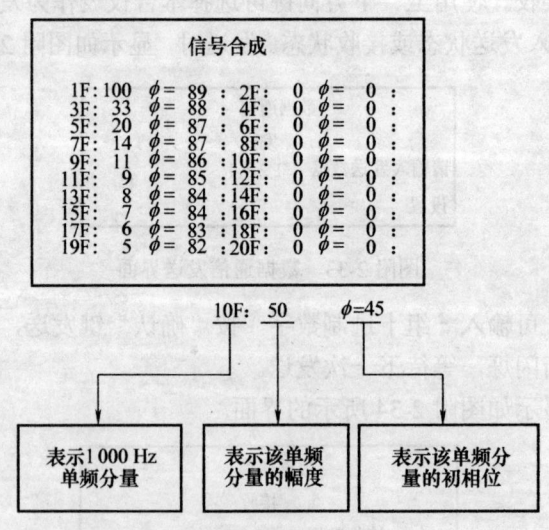

图附 2-36　信号合成界面

本功能可以由 100Hz、200Hz、…、2000Hz 共 20 个单频信号通过加权组合，生成所需的合成信号。每个单频输入两个参数：幅度和相位。幅度输入值范围为 0~100 的整数，相位输入角度值，其范围也为 0~100 的整数。屏幕上 F 代表 100Hz，紧跟的 Φ 为其相位，例如：

光标闪烁，按方向键，可移动光标，按数字键可在光标处输入数值，输入数据时，可以输入 3 位数字，如 100、090、001，系统自动剔除数据前端的 "0"。设置好后按 "确认" 键，系统即输出按设置的频谱合成出的信号。按 "清零" 键即将所有数据清为零。

在此 20 个频点中，可以任意组合频谱分量，合成出相应信号。如：

① 在 9F 处输入 100，相位任意，则系统输出 900Hz 正弦波信号。

② 按下列数据设置，则输出 100Hz 方波：

1F: 100 Φ=89； 3F: 33 Φ=88； 5F: 20 Φ=87； 7F: 14 Φ=87；
9F: 11 Φ=86； 11F: 9 Φ=85； 13F: 8 Φ=84； 15F: 7 Φ=84；
17F: 6 Φ=83； 19F: 5 Φ=82；

③ 按下列数据设置，则输出 100Hz 三角波：

1F: 100 Φ=0； 3F: 11 Φ=3； 5F: 4 Φ=6； 7F: 2 Φ=9；
9F: 1 Φ=12； 11F: 1 Φ=14； 13F: 1 Φ=17；

④ 按下列数据设置，则输出载频为 1 900Hz，调制频率为 100Hz，调制度为 100%的调幅波：

18F: 50 Φ=0； 19F: 100 Φ=0； 20F: 50 Φ=0；

2.5 注意事项

1. 请按本说明书操作。
2. 确保机壳接到安全地。
3. 不要将 30V 以上的电压加在输入探头和输出线上，否则将会损坏本仪表。
4. 请注意保护本仪表所使用的大平面液晶屏，禁止外力按压和碰撞。若液晶屏破损，不要让身体接触到渗漏出来的液晶，如有接触要尽快用水将其洗掉。
5. 不要砸、摔、甩输入探头。
6. 本仪表提供的输出电源带有短路保护，但不允许长时间短路和短路启动，否则将损坏输出电源。

英、中文名词对照

A

A/D conversion	模数转换
Absolute lister	绝对列表器
Absolutely summable	绝对可和
Aliasing	混叠
Amplitude distortion	幅度失真
Amplitude response	幅频响应
Amplitude spectra	幅度谱
Analog / Digital (A/D)	模拟/数字
Analog filters	模拟滤波器
Aperiodic signals	非周期信号
Archiver	归档器
Assembler	汇编器
Assembly language	汇编语言

B

Band-limited signals	带限信号
Bandpass filter (BPF)	带通滤波器
Bandpass system	带通系统
Band-reject filter (BRF)	带阻滤波器
Bandwidth	带宽
Bessel filter	贝塞尔滤波器
Bipolar	双极性
Block diagrams	方框图
Bode plots	波特图
Boundary condition	边界条件

Bounded signals 有界信号
Bounded-input, Bounded-output（BIBO） 有界输入，有界输出
Butterworth filters 巴特沃思滤波器

C

C compiler C 编译器
Carrier frequency 载波频率
Carrier signals 载波信号
Causal systems 因果系统
Circular convolution 循环卷积
Code Composer Studio（CCS） TI 公司的软件开发工具
Coder / Decoder 编码器/译码器
Communication systems 通信系统
Commutative property 交换律
Complex frequency domain 复频域
Complex poles 复数极点
Complex-exponential Fourier series 复指数傅里叶级数
Components 元件
Compression 压缩
Connection equations 连接方程
Constant factor 常数因子
Continuous-time autocorrelation 连续时间自相关
Continuous-time signals 连续时间信号
Continuous-time system 连续时间系统
Convolution 卷积
Convolution integral 卷积积分
Convolution sum 卷积和
Convolution theorem 卷积定理
Cosine signals 余弦信号
CPU 中央处理器
Cross_reference lister 交叉引用列表器
Cutoff frequency 截止频率

D

D/A conversion	数模转换
Damped sinusoids	阻尼正弦信号
Damping ratio	衰减率
Decimation	十进制
Decomposition	分解
Definite integrals	定积分
Delay	延迟
Delta functions	德尔塔函数
Denominator polynomials	分母多项式
Derivatives	微分
Difference equations	差分方程
Difference	差分
Differential equations	微分方程
Digital Analog Converter	数模转换器
Digital filters	数字滤波器
Digital Signal Processing (DSP)	数字信号处理
Digital signal	数字信号
Discrete convolution	离散卷积
Discrete Fourier Transform (DFT)	离散傅里叶变换
Discrete-time signals	离散时间信号
Discrete-time system	离散时间系统
Distortionless transmission	无失真传输
Distributed-parameter systems	分布式参数系统
Distributive properly	分配律
Double-sided Laplace transform	双边带拉普拉斯变换
Double-sided spectra	双边带谱
Double-sided z-transform	双边 z 变换

E

Electric circuits	电路
Energy signals	能量信号

Energy-density spectrum	能量谱密度
Even signals	偶信号
Exponential signals	指数信号

F

Fast Fourier Transform（FFT）	快速傅里叶变换
Filter coefficient	滤波器系数
Filter	滤波器
Finite impulse response filter	有限冲激响应滤波器
FIR filter	FIR 滤波器
Fourier series	傅里叶级数
Fourier transform	傅里叶变换
Frequency domain	频域
Frequency spsctrum	频谱
Frequency-shifting property	频移特性

G

Gain	增益
Gibbs phenomenon	吉布斯现象
Group delay	群延迟

H

Hamming window	汉明窗
Harmonic frequency	谐波频率
Hertz	赫兹
Hex conversion utility	十六进制转换公用程序
High-Pass Filter（HPF）	高通滤波器
Hilbert transformer	希尔伯特变换

I

| Ideal filters | 理想滤波器 |

Ideal sampling	理想采样
Imaginary axis	虚轴
Imaginary part	虚部
Impulse function	冲激函数
Impulse response	冲激响应
Impulse signal	冲激信号
Infinite-impulse response filter	无限冲激响应滤波器
Initial conditions	初始条件
Initial value theorem	初值定理
Integral	积分
Integrated Development Environment (IDE)	集成开发环境
Interference	干扰
Inverse Fast Fourier Transform (IFFT)	快速傅里叶逆变换
Inverse Laplace transform	拉普拉斯逆变换

K

Kirchhoff's laws	基尔霍夫定理

L

Laplace transform	拉普拉斯变换
Left-sided signal	左边信号
Library_build utility	建库工具
Line spectra	线性频谱
Line system	线性系统
Linearity theorem	线性定理
Linker	连接器
Low-pass filter (LPF)	低通滤波器
Lumped-parameter systems	集总参数系统

M

Mathematical models	数学模型
Maximum	最大

Memory system	有记忆系统
Memory	存储器
Minimum phase shift	最小相移
Mnimonic_to_algebric assembly translator utility	助记符到代数汇编语言转换公用程序
Modulation theorem	调制定理
Multiplication theorem	乘法定理
Mutual orthogonality	互正交性

N

Normalized frequency	归一化
Notation	符号
Numerator polynomials	分子多项式
Nyquist frequencc	奈奎斯特频率
Nyquist sampling theory	奈奎斯特采样定理

O

Odd signals	奇信号
Order	级数
Order of filter	滤波器的阶数
Orthogonality	正交性

P

Partial fraction expansion	部分分式展开
Passbands	通带
Peak frequency	峰值频率
Periodic extension	周期延拓
Periodic signals	周期信号
Phase	相位
Phase distortion	相位失真
Phase response	相频响应
Phase shift	相移

Phase spectra	相位谱
Pole	极点
Power signals	功率信号
Power-density spectrum	功率谱密度
Pulse Coding Modulation (PCM)	脉冲编码调制
Pulse-train signal	脉冲信号

Q

Quantization	量化
Quantized signals	量化信号

R

Radius of absolute convergence	绝对收敛半径
Ramp functions	斜坡函数
Rational functions	有理函数
Real axis	实轴
Real part	实部
Rectangular pulse signals	矩形脉冲信号
Region of convergence	收敛域
Register	寄存器
Resolution	分辨率
Right-sided signal	右边信号
Run-time-support libraries	运行支持库

S

S plane	s 平面
Sample rate	采样率
Sample signal	采样信号
Sample spacing	采样间隔
Sampling	采样
Scaling transmission	尺度（变换）特性
Sequence	序列

Signal	信号
Signum function	符号函数
Single sided z transform	单边 z 变换
Single-sided Laplace transform	单边拉普拉斯变换
Sinusoidal signal	正弦信号
Spectrum density function	频谱密度函数
Spectrum function	频谱函数
Stack	堆栈
State	状态
State equation	状态方程
State space	状态空间
State variable	状态变量
State vector	状态矢量
Symmetry	对称性
System function	系统函数

T

Texas Instruments（TI）	德州仪器公司
Time delay	时延
Time invariant system	时不变系统
Time shift	时移
Time shifting property	时移特性
Time-domain analysis	时域分析
Time-invariant system	时不变系统
Transfer function	转移函数
Transient response	暂态响应
Trigonometric Fourier series	三角傅里叶级数
Two-sided Laplace transform	双边拉普拉斯变换

U

Undamped nutural frequency	无阻尼自然频率
Undersamping	欠采样
Unit impulse function	单位冲激函数

Unit impulse signal	单位冲激信号
Unit pulse response	单位脉冲响应
Unit pulse signal	单位脉冲信号
Unit ramp function	单位斜坡函数
Unit ramp sequence	单位斜坡序列
Unit ramp signal	单位斜坡信号
Unit step sequence	单位阶跃序列
Unit step signal	单位阶跃信号
Unstable system	不稳定系统

W

Waveform	波形
Windows	窗
Windows function	窗函数

Z

Zero-input response	零输入响应
Zeros	零点
Zeros-pole plot	零极点图
Zero-state response	零状态响应
Z-plane	z 平面
Z-transform	z 变换

参 考 文 献

[1] 汤全武. 信号与系统[M]. 武汉：华中科技大学出版社，2008.

[2] 郑君里，应启珩，杨为理. 信号与系统[M]. 2 版. 北京：高等教育出版社，2000.

[3] 谷源涛，应启珩，郑君里. 信号与系统——MATLAB 综合实验[M]. 北京：高等教育出版社，2008.

[4] 陈后金，胡健，薛健. 信号与线性系统[M]. 北京：清华大学出版社，2003.

[5] 徐盛，胡剑凌. 数字信号处理器开发实践[M]. 上海：上海交通大学出版社，2003.

[6] 胡剑凌，徐盛. 数字信号处理系统的应用和设计[M]. 上海：上海交通大学出版社，2003.

[7] 梁虹，梁洁，陈跃斌. 信号与系统分析及 MATLAB 实现[M]. 北京：电子工业出版社，2002.

[8] 刘卫国，陈昭平，张颖. MATLAB 程序设计与应用[M]. 北京：高等教育出版社，2004.

参考文献

[1] 张志涌. 精通MATLAB6.5版[M]. 北京: 北京航空航天大学出版社, 2003.

[2] 飞思科技产品研发中心. 精通MATLAB6.5[M]. 北京: 电子工业出版社, 2003.

[3] 楼顺天, 姚若玉, 沈燕芳. MATLAB 7.x程序设计语言[M]. 西安: 西安电子科技大学出版社, 2005.

[4] 刘卫国. MATLAB程序设计与应用[M]. 北京: 高等教育出版社, 2002.

[5] 张威. MATLAB基础与编程入门[M]. 西安: 西安电子科技大学出版社, 2004.

[6] 罗华飞. MATLAB GUI设计学习手记[M]. 北京: 北京航空航天大学出版社, 2009.

[7] 陈杰. MATLAB宝典[M]. 北京: 电子工业出版社, 2007.

郑 重 声 明

高等教育出版社依法对本书享有专有出版权。任何未经许可的复制、销售行为均违反《中华人民共和国著作权法》,其行为人将承担相应的民事责任和行政责任,构成犯罪的,将被依法追究刑事责任。为了维护市场秩序,保护读者的合法权益,避免读者误用盗版书造成不良后果,我社将配合行政执法部门和司法机关对违法犯罪的单位和个人给予严厉打击。社会各界人士如发现上述侵权行为,希望及时举报,本社将奖励举报有功人员。

反盗版举报电话:(010)58581897/58581896/58581879
   传真:(010)82086060
E-mail: dd@hep.com.cn
通信地址:北京市西城区德外大街 4 号
    高等教育出版社打击盗版办公室
邮 编:100120

购书请拨打电话:(010)58581118

郑重声明

高等教育出版社依法对本书享有专有出版权。任何未经许可的复制、销售行为均违反《中华人民共和国著作权法》，其行为人将承担相应的民事责任和行政责任；构成犯罪的，将被依法追究刑事责任。为了维护市场秩序，保护读者的合法权益，避免读者误用盗版书造成不良后果，我社将配合行政执法部门和司法机关对违法犯罪的单位和个人给予严厉打击。社会各界人士如发现上述侵权行为，希望及时举报，本社将奖励举报有功人员。

反盗版举报电话：(010) 58581897/58581896/58581879
                     传真：(010) 82086060
E - mail: dd@hep.com.cn
通信地址：北京市西城区德外大街4号
           高等教育出版社打击盗版办公室
邮   编：100120

购书请拨打电话：(010) 58581118